普通高等教育"十四五"规划教材

卓越农林人才教育培养试点项目教材

SAS 生物统计分析软件教程

第 2 版

李方东　刘爱国　主编

李远景　主审

中国农业大学出版社

·北京·

内 容 简 介

本教材通过应用 SAS 9.0 版和 SAS 9.4 版软件,以生物统计学经典例题作为程序说明,剖析各种统计分析方法的 SAS 过程结构,讲解 SAS 过程的编程方法和输出结果判读技巧。本教材重点解析了 SAS 软件在描述性统计、统计假设检验、方差分析、一元线性回归与相关分析、多元线性回归与相关分析、通径分析、非线性回归分析、聚类分析、试验设计及其试验结果的统计、绘图等过程中的应用。

图书在版编目(CIP)数据

SAS 生物统计分析软件教程 / 李方东,刘爱国主编. --2 版. --北京:中国农业大学出版社,2024.8. --ISBN 978-7-5655-3290-0

Ⅰ. Q-332

中国国家版本馆 CIP 数据核字第 2024YE6074 号

书　　名	SAS 生物统计分析软件教程　第 2 版
	SAS Shengwu Tongji Fenxi Ruanjian Jiaocheng
作　　者	李方东　刘爱国　主编

策划编辑	刘　聪	责任编辑	石　华
封面设计	中通世奥图文设计中心		
出版发行	中国农业大学出版社		
社　　址	北京市海淀区圆明园西路 2 号	邮政编码	100193
电　　话	发行部 010-62733489,1190	读者服务部	010-62732336
	编辑部 010-62732617,2618	出 版 部	010-62733440
网　　址	http://www.caupress.cn	E-mail	cbsszs@cau.edu.cn
经　　销	新华书店		
印　　刷	北京溢漾印刷有限公司		
版　　次	2024 年 8 月第 2 版　　2024 年 8 月第 1 次印刷		
规　　格	185 mm×260 mm　16 开本　12.25 印张　304 千字		
定　　价	37.00 元		

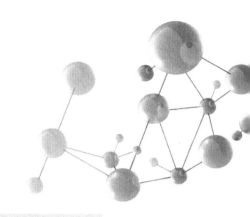

第 2 版　编审人员

主　　编　李方东　刘爱国

副主编　武　东　王　萍

参　　编　秦志勇　卢维学

　　　　　程　靖　祝小雷

　　　　　马　敏　王建楷

　　　　　张　勇

主　　审　李远景

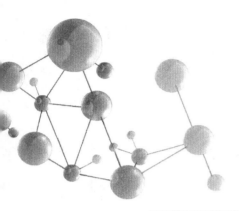

第1版 编写人员

主　编　李远景　李方东
副主编　刘爱国　武　东　王　萍
参　编　许建新　秦志勇
　　　　　马　敏　陈德玲
　　　　　李　坦　张世华
　　　　　王建楷

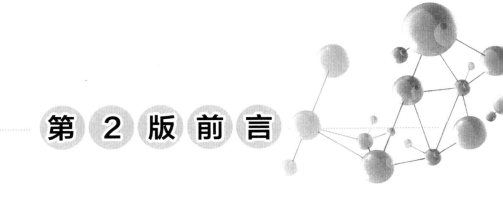

第 2 版 前 言

为全面贯彻落实党的二十大精神,用习近平新时代中国特色社会主义思想铸魂育人,培养德、智、体、美、劳全面发展的社会主义建设者和接班人,把教材建设作为深化教育领域综合改革的重要环节,确保高质量教材进课堂,充分发挥优秀教材在高校教学工作中的基础性作用,促进教学质量的提高,安徽农业大学信息与人工智能学院统计系组织编写了本教材。本教材继承了前人宝贵的教学资源,凝聚了全体参编教师多年来的教学心得和体会,是我们教改和教研的成果之一。

"生物统计学"是高等农林院校的一门专业基础课,也是一门应用性、实践性很强的课程。"新农科"背景对农业人才培养提出更新的要求,主要体现在大数据和人工智能方面。因此,在教学实践过程中需要加强实验课程教学,有效提高学生的数据分析能力,以适应我国农业信息化和数字化的快速发展。

SAS(statistical analysis system)是目前国际上比较流行的一种统计分析软件系统,被誉为数据统计分析的标准软件。本教材在第1版的基础上根据SAS软件版本的不断更新以及教学内容的调整,从实用出发,主要对 SAS 9.4 版应用于生物统计分析的编程进行介绍和结果解读,并增加了一些例题和习题等内容。本教材力求深入浅出、通俗易懂、详略得当、重点突出,主要通过例题 SAS 编程—程序说明—程序运行结果—结果解释的模式,介绍统计方法的 SAS 实现和 SAS 运行结果的统计意义,读者只需掌握统计方法的基本原理和知识就可以学会 SAS 软件的应用。不同专业和研究方向的本科生、研究生和广大科研工作者可以根据需要选用。本教材既适合作为生物、农林类专业的生物统计课程配套教材,又可以作为科技工作者的参考工具书。

本教材由安徽农业大学信息与人工智能学院李方东、刘爱国组织编写和统稿,由李远景审稿。在此,对所列参考文献的作者及为编写提供思路的作者一并表示衷心感谢,对毕守东教授给予的建议和帮助表示感谢。

感谢中国农业大学出版社对本教材的出版给予的大力支持,感谢安徽农业大学各级有关部门对本教材编写的支持和指导。

由于编者水平有限,本教材中的不妥之处在所难免,恳请广大教师和其他读者提出宝贵意见,我们将做进一步改进和完善。

编　者
2024 年 3 月

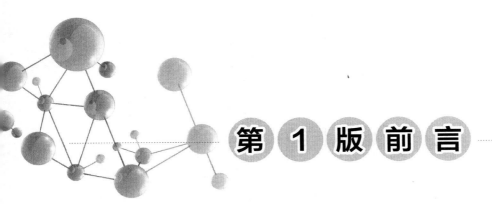

第 1 版 前 言

SAS(statistical analysis system)统计分析软件是国际上非常流行的,特别在自然科学的统计分析中是最具有权威性的应用统计软件。该软件从 6.12 版逐步升级到目前的 9.3 版已发展成内容丰富、应用功能全面的集成应用软件系统。作者结合自己多年把 SAS 统计分析软件用于生物统计教学中的事例分析,编写了《SAS 生物统计分析软件教程》。该教程深入浅出、通俗易懂、详略得当、重点突出。读者只需要掌握统计方法的基本原理和知识就可以学会 SAS 软件的应用,具有极强的实用性。不同专业和研究方向的研究生、本科生和广大科研工作者可以根据需要选择学习和采用。《SAS 生物统计分析软件教程》既适合作为生物、农林类专业的生物统计课程配套教材,也可以作为科技工作者的参考工具书。

《SAS 生物统计分析软件教程》系作者根据近几年 SAS 软件版本不断更新的内容和教学、科研实践中的应用,从实用出发,参考国内外相关资料编写而成。在此对所列参考文献及未列出的参考文献的作者一并表示衷心感谢,对毕守东教授给予的建议和帮助表示感谢。由于作者水平有限,书中难免出现不妥甚至错误之处,恳请广大读者不吝赐教,以便再版时修正。

李远景　李方东
于安徽农业大学理学院
2015 年 1 月

目　录

第一章
SAS统计分析软件概述

  SAS 统计分析软件是 20 世纪 60 年代末由美国北卡罗来纳州立大学 A. J. Barr 和 J. H. Goodnight 两位教授开始开发研制的,全称为统计分析系统(statistical analysis system)。SAS 系统是一个组合软件系统,它由 30 多个专用功能模块组合而成,其基本部分是 BASE SAS 模块。BASE SAS 模块是 SAS 系统的核心,承担着主要的数据管理任务,并管理用户使用环境,进行用户语言的处理,调用其他 SAS 模块和产品。SAS 系统的运行必须启动 BASE SAS 模块。除本身具有数据管理、程序设计及描述统计计算功能外,BASE SAS 模块还是 SAS 系统的中央调度室。除可单独存在外,BASE SAS 模块也可与其他产品或模块共同构成一个完整的系统。各模块的安装及更新都可通过其安装程序非常方便地进行。SAS 系统具有灵活的功能扩展接口和强大的功能模块,在 BASE SAS 模块的基础上,还可以增加不同的模块而增加不同的功能:SAS/STAT(统计分析模块)、SAS/GRAPH(绘图模块)、SAS/QC(质量控制模块)、SAS/ETS(计量经济学和时间序列分析模块)、SAS/OR(运筹学模块)、SAS/IML(交互式矩阵程序设计语言模块)、SAS/FSP(快速数据处理的交互式菜单系统模块)、SAS/AF(交互式全屏幕软件应用系统模块)等。SAS 有一个智能型绘图系统,不仅能绘各种统计图,还能绘出地图。SAS 提供多个统计过程,每个过程均含有极丰富的任选项。用户可以通过对数据集的一连串加工,实现更为复杂的统计分析。此外,SAS 提供了各类概率分析函数、分位数函数、样本统计函数和随机数生成函数,用户能方便地实现特殊统计要求。SAS 是用于数据分析和决策支持的大型集成式、模块化系统。

  SAS 统计分析软件经过多年的发展,已被世界 120 多个国家和地区的近 3 万家机构所采用,直接用户则超过 300 万人,遍及金融、医药卫生、生产、运输、通信、政府和教育科研等领域。在英国、美国等国家,能熟练使用 SAS 进行统计分析是许多公司和科研机构选才的条件之一。在数据处理和统计分析领域,国际上有三大著名统计软件,分别为美国加利福尼亚大学开发的生物医学计算机程序集——BMDP(biomedical computer programs)、美国斯坦福大学研制的社会科学统计程序包——SPSS(statistical package for the social science)、美国北卡罗来纳州罗利市的 SAS 软件有限公司研发的统计分析系统——SAS(statistical analysis system)。其中 SAS 统计分析软件是当今最为流行、最具权威性的一种大型统计分析系统,被誉为统计分析的标准软件,并在 1996—1997 年被评选为建立数据库的首选产品,堪称统计软件界的巨无霸。在美国 FDA 新药审批程序中,新药试验结果的统计分析规定只能用 SAS 进行,其他软件的计算结果一律无效,哪怕只是简单的平均数和标准差也不行。由此可见,SAS 的权威地位。

由于 SAS 软件功能齐全,使用灵活方便,应用范围广泛,近年来在我国的社会科学、自然科学各个领域中得到广泛应用。许多高等院校已在研究生、本科生中开设了 SAS 软件应用课程。学习 SAS 软件,对快捷、正确地应用统计学知识解决各种复杂的统计学问题起到了极为有益的作用。

第一节　SAS 统计软件的特点

SAS 统计软件的最大特点是把数据管理和数据分析融为一体。具体地说,它有以下几方面的特点。

一、使用灵活方便、功能齐全

SAS 统计分析软件的宗旨是为所有需要进行数据处理、数据分析的非计算机人员提供一种易学易用、完整可靠的软件系统。

1. 操作方便

SAS 系统的应用主要是进行简单的 SAS 编程,用户把要解决的问题用 SAS 语言表达出来,编成 SAS 程序,提交 SAS 系统就可以解决你提出的问题。执行的情况和输出结果都在屏幕上显示出来。例如,进行回归计算时使用以下简单的 SAS 程序:

Proc reg data＝A;

model y＝x1－x10;

run;

用户即可在显示管理系统下进行。如果用户不熟悉 SAS 编程,也可以利用 SAS 系统设置的图形化的非编程视窗进行操作。

2. 灵活

SAS 系统提供了很多语句及选项,供用户灵活地使用某种统计方法。同一个数据资料用户可以根据需要编写多个分析程序进行不同的分析。如上例中的 SAS 程序加上以下选项可进行逐步回归:

Proc reg data＝A;

model y＝x1－x10/selection＝stepwise;

run;

加上以下语句可以画出 y 对 x1 的散布图:

plot y＊x1＝'＊'

3. 功能齐全

SAS 系统提供的 30 多个功能模块可供用户根据实际需要灵活地选择使用。SAS 系统的主要功能包括客户机/服务器计算、数据访问、数据存储及管理、应用开发、图形处理、数据分析、报告编制、质量控制、项目管理、计算机性能评估、运筹学方法、计量经济学与预测等。各个模块之间既相互独立,又相互交融与补充,可以根据具体应用建立相应模块的信息分析与应用系统。

二、SAS 语言是编程能力强且简洁易学的语言

SAS 语言是 SAS 系统的基础,是用户与系统对话的语言。该语言的特点是用户不必告诉 SAS"怎样做",只需告诉它你要"做什么"就行了。因为在 SAS 系统中,绝大部分常用的数据分析方法都已编成了标准过程,SAS 用户只需要掌握有关的 SAS 语句或命令以及简单的 SAS 编程规则就可以非常容易地实现数据管理和分析等工作。如用简单的几个语句告诉 SAS,将对数据集 A 中的数据建立 y 与 x1 至 x10 的多元线性回归模型。

三、适用性强、应用面广

SAS 系统既适用于初学者,又适用于有经验的用户;既能满足行政、管理、分析、编辑等部门人员对信息的需求,又可用来解决自然科学和社会科学各个领域的各种问题。

第二节　SAS 统计软件简介

SAS 统计软件是由众多子软件组成的模块化集成系统。各项功能均由各功能模块完成,这些功能包括客户机与服务器之间的信息交换和计算、数据访问、数据存储和管理、数据报告和分析、质量控制和项目管理、图形处理和实验设计、应用开发等。SAS 统计软件的主要功能模块如下。

一、BASE SAS 软件

BASE SAS 软件是 SAS 系统的核心,其主要功能是访问数据、数据管理、数据加工分析和结果呈现等。BASE SAS 软件可以单独使用,也可以同其他软件产品一起组成一个用户化的 SAS 系统。BASE SAS 软件的功能如下。

1. 访问数据

可以使用 SAS 访问任何数据源或平台中的数据,而不受其位置的限制,如系统中的文件、存储在远程服务器上的数据或其他数据库系统中的数据可以使用任意格式的数据;又如原始数据、SAS 数据集以及由其他厂商的软件创建的文件也可以将 SAS 数据集中的数据转换成其他格式的数据文件,供其他软件处理。

2. 管理数据

其功能包括信息存储和检索、数据修改和程序设计、文件操作。

信息存储和检索是指可用任何格式读入数据值,然后把数据组成 SAS 数据集。数据集可用临时数据集或永久数据集两种形式存储,具有自动生成文档的能力,既包含数据值,又含有它们的描述信息。

数据修改和程序设计是指能为用户提供完备的 SAS 语句和函数,用于数据的加工处理,用该语句执行标准操作,如建立新变量、累加求和及修改错误等,具有完整的语言系统。

文件操作是指根据数据分析的需要能从几个数据集中抽取一些变量进行组合,即对数据进行编辑、整理、连接、合并及更新;同时处理多个输入文件,或者对一次输入的数据生成几个报表等。

3. 数据分析

用户的数据在准备好之后就可以使用 SAS 分析数据并生成报表。SAS 提供了多种输出格式,从数据集的简单列表到定制关系复杂的报表。BASE SAS 软件提供了强大的数据分析工具,例如,生成频数统计表和交叉表、创建各种图表和点线图;计算简单的描述统计量,如平均数、标准差、极差、平方和、偏度、峰度、分位数和偏差系数等,对数据进行标准化、求秩及有关统计量,生成并分析列联表,SAS 函数可用于计算概率分布函数、分位数、样本统计量及产生随机数等。

4. 结果呈现

BASE SAS 软件提供了各种各样美观的输出格式,用于报告和显示分析结果,一系列标记语言包括 HTML4 和 XML,可用于高分辨率打印机的输出格式,例如,Post Script、PDF、PCL 文件和 RTF。通过 Active X 控件或 Java 应用小程序生成交互的彩色图形,还可以根据需要将这些报表图形发送给各种平台或位置。

二、SAS 系统的其他软件产品

除 BASE SAS 软件外,SAS 系统还包括以下一些产品。

SAS/STAS——一个完整可靠的统计分析软件,几乎覆盖了所有实用的数理统计分析方法,是国际上统计分析领域中的标准软件。

SAS/IML——该软件提供功能强大的面向矩阵运算的编程语言,包括加法、乘法、求逆、计算特征值和特征向量等;是用户研究新算法或解决 SAS 系统中没有现成方法的工具。

SAS/FSP——一个用来进行数据处理的交互式菜单系统,可用来进行全屏幕的数据录入、编辑、查询及数据文件的创建等。

SAS/ETS——提供丰富的计量经济学和时间序列分析方法,并具有建立各种统计模块和统计预测功能。

SAS/GRAPH——具有多种绘图功能的图形软件包,可生成等值线图、二维和三维曲线图、直方图、圆饼图、区块图、星形图、地理图及各种映像图。

SAS/ASSIST——提供直接运用 SAS 系统许多一般性问题的功能,可进入和方便地调用其他一些 SAS 模块的功能,免除用户学习 SAS 语言的困扰。

SAS/INSIGHT——可视化数据探索工具,集"图、表、统计分析"于一体,形象直观。

SAS/LAB——菜单驱动面向任务的解释引导式数据分析模块。集图形、统计分析与报表于一体,指导用户进行数据分析。

SAS/QC——用于质量控制和实验设计的工具。

SAS/OR——用于运筹学和工程管理,是一种决策支持工具。

SAS/AF——应用开发工具。

SAS/CALC——多维电子表格软件,用于财务分析、数据建模、数据整合及管理。

随着 SAS 软件版本的不断更新,许多模块的功能也在不断地增强。

第三节　SAS 的启动和管理系统

一、SAS 系统的启动

启动 Windows 之后,可直接单击开始菜单"程序"项,将光标移至 SAS 程序项,再在显示的子菜单中选择并双击"SAS 9.4 中文(简体)",即可启动 SAS 软件。如果在桌面上设置了 SAS 软件图标的快捷方式,直接双击该图标就可以启动 SAS 软件。

二、SAS 9.4 界面简介

SAS 9.4 AWS 主窗口界面见图 1.1。

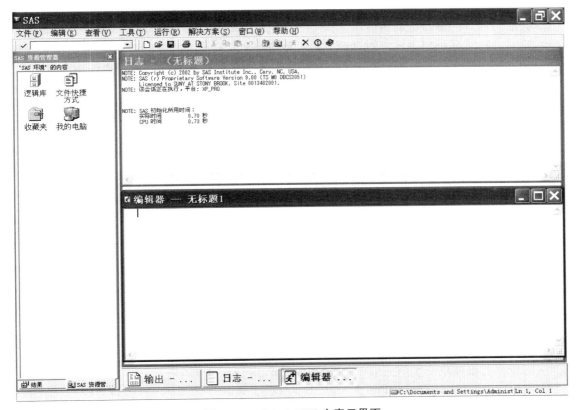

图 1.1　SAS 9.4 AWS 主窗口界面

三、显示管理系统的 5 个主要窗口

SAS 软件启动后在屏幕上出现的是显示管理系统(display management system),有 5 个主要窗口。

(1)SAS 资源管理器窗口　其主要功能是利用该窗口查看并管理 SAS 文件以及创建非 SAS 格式文件的快捷方式,例如,创建新的 SAS 逻辑库和 SAS 文件、打开任意 SAS 文件、执行大多数文件管理任务,如移动、复制及删除文件,创建文件快捷方式等。

(2)编辑器窗口 编辑器有两种类型:增强型编辑器和程序编辑器。一般在打开 SAS 程序后默认的窗口为编辑器窗口,其主要功能是编辑输入 SAS 程序和数据,该窗口提供了许多有用的编辑功能,例如颜色编码和 SAS 语言的语法检查、可展开并折叠程序段、可记录宏、支持键盘快捷方式(按住 Alt 或 Shift 键的同时击键)、多级撤销和恢复等。编辑器窗口的初始标题是"编辑器-无标题"。在打开文件或将编辑器窗口中的内容保存到文件时,窗口标题将更改为相应的文件名。若对编辑器窗口中的内容进行了修改,标题中就添加一个星号。用户可以同时打开多个编辑器窗口。

(3)日志窗口 也称为运行记载窗口,其主要功能是显示执行程序过程中的有关信息,主要包括数据集的名称、变量的数量、执行了什么过程、运行的时间和语句中有什么错误等。如果编程有错误,则运行不出结果,在该窗口中以红字方式指出出现错误的语句,所以当程序运行不出结果时,可以在该窗口查询。

(4)输出窗口 输出窗口在启动 SAS 后并没有直接显示,而是被编辑器窗口和日志窗口覆盖,只有运行了某个程序后才能显示。其主要功能是显示提交的 SAS 程序的输出结果。创建输出时,该窗口将自动打开或移至显示的前端。用户可使用任务栏在窗口之间浏览。

(5)结果窗口 其主要功能是帮助用户浏览并管理提交的 SAS 程序所生成的输出,用户可以查看、保存并打印输出中的各项。结果窗口在提交可创建输出的 SAS 程序之前一直是空的,之后该窗口可打开或移动到显示前端。在 Windows 操作环境下,结果窗口在 SAS 创建输出时位于 SAS 资源管理器的前端,用户可通过窗口底部的选项卡在两个窗口之间移动。

四、显示管理系统主菜单简介

SAS/AWS 窗口中主菜单有 8 项。但各主菜单及其子菜单的内容会随光标所在窗口的不同而异。以下仅以光标在编辑窗口时对各主菜单的内容做简介。

(1)文件菜单 文件管理菜单可实现文件的保存、输出、转换等功能。

(2)编辑菜单 文本编辑窗口可实现文本的复制、查找字符串等功能。

(3)查看菜单 窗口属性菜单可调用或激活一些常用窗口。

(4)工具菜单 各种编辑菜单可激活多种编辑器。

(5)运行菜单 程序运行菜单可实现文本的发送、召回等功能。

(6)解决方案菜单 实施一般 SAS 操作的菜单。

(7)窗口菜单 控制窗口菜单。

(8)帮助菜单 SAS 的求助菜单。

第四节 四个图形化视窗简介

为了便于不擅长编程的用户更好地运用 SAS 的主要功能,SAS 系统提供了一些图形化的操作方式。通过 SAS 中的 ASSIST、ANALYST、INSIGHT 和 DESTOP 四个模块的界面操作,用户不需要编写 SAS 程序命令,处理数据只需要回答视窗内对话框中的问题,提交就能完成各种数据管理任务,并能较好地生成报表,利于绘制各种常见的统计图形,实现常见统计分析。然而，在预处理数据时，就不像使用 SAS 语言编程那样灵活。因此，掌握 SAS 编程技术是使用 SAS 软件的关键环节。本节介绍的这些图形化的视窗是在 SAS 软件英文版的进入方法。

一、SAS/ASSIST 视窗

（一）进入 SAS/ASSIST 视窗的方法

在 SAS 主界面上，单击 Solutions（解决方案主菜单）菜单，弹出一个下拉菜单，选中 ASSIST，在系统弹出对 ASSIST 作初始设置窗口下，单击 Continue 按钮，便可进入 SAS/ASSIST 视窗；也可以在 SAS/AWS 窗口的命令框内，键入 ASSIST，单击左端对钩框或按回车键均可进入 SAS/ASSIST 视窗。

（二）各子窗口的基本功能

进入 SAS/ASSIST 视窗后，在以 Primary Menu 为标题的基本菜单中，共有 11 个图标作为子窗口入口处（图 1.2），以下简要介绍其基本功能。

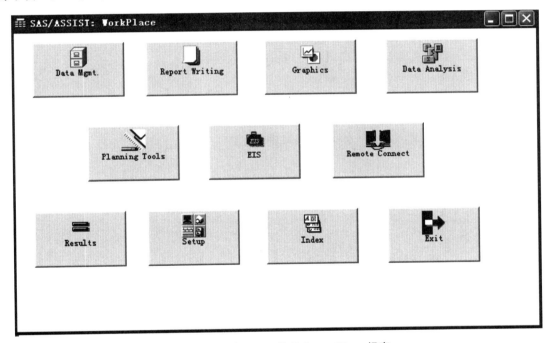

图 1.2　SAS/ASSIST 的 Primary Menu 视窗

1. Data Mgmt. 数据管理

可选子菜单有：

Query——提供一个交互式的 SQL（结构查询语言）查询工具和英语查询工具。

Edit/Browse——编辑或浏览数据，可选择 Edit data（编辑数据）或 Browse data（浏览数据）。

Import data——输入数据，实现外部数据文件和其他格式的数据文件与 SAS 数据集之间的相互转换。

Export data——输出数据,实现 SAS 数据集与外部数据文件和其他格式的数据文件之间的相互转换。

Create data——创建、编辑和浏览 SAS 数据集。

Dbms access——进入 Access 窗口,用来管理 SAS 数据库,用户可通过该窗口对 SAS 数据库中的成员进行删除、更名和列表。

Subset/Copy——由原来的 SAS 数据集产生子数据集或拷贝原来的数据集。

Combine——对两个数据集按横向或纵向等方式进行合并。

Design formats——对已存在的 SAS 数据集中的变量规定输出或输入格式。

Sort——指定数据集中某些变量的排列顺序,对数据集中的观测值进行排序。

Utilities——看数据集的内容,创建输出或输入格式或实施数据集的各种转换。

2. Report Writing 报表书写

可选子菜单有:

Listing——列出一个数据集中的观测值(含变量名);

Tabular report——产生各种行×列形式的报表;

Counts——创建数据集中数据的频数表;

Designing report——用交互式方式创建或修饰一个报表。

Utilities——提供几个实用程序,供用户使用,其内容有:

    Create labels——创建标识;

    Create a banner——创建标识;

    Produce a calendar——产生日历;

    Create calendar date——创建日历日期;

    Summarize data——综合数据;

    Contents of a SAS data set——SAS 数据集的内容;

    Design formats for variables——变量的格式设计。

3. Graphics 各种图形

可选子菜单有:

Bar charts——绘制条图。

Pie chart——绘制圆图。

Plots——绘制散布图和线图。

Maps——绘制各个国家的统计地图。

Utilities——提供几个实用程序,用于解决特定任务,如创建 SAS 数据集,用于绘图等。

4. Data Analysis 数据分析

可选子菜单有:

Elementary——基本统计分析,其内容有:

    Summary statistics——综合统计量;

    Correlation——相关分析;

    Confidence interval formeans——总体均数的置信区间;

    Frequency tables——频数资料的统计分析。

Regression——回归分析,其内容有:

    Linear regression——线性回归分析;

    Logistic regression——逻辑回归分析;

    Regression with correlation for autocorrelation——自相关回归分析。

ANOVA——方差分析,其内容有:

    Analysis of variance——方差分析;

    Nonparametric AVOVA——非参数方差分析;

    t-test——t 检验。

Multivariate——多元分析,其内容有:

    Principal component——主成分分析;

    Canonical correlation——典型相关分析。

Quality CNTL——可进行统计质量控制,如绘制质量控制图,进行有关的计算和检验等。

Interactive——交互数据分析,其内容有:

    Guided data analysis——指导性数据分析;

    Data exploration——数据探索性分析。

Time Series——时间序列分析,其内容有:

    Seasonal adjustment——季节性调整分析;

    Regression with correlation for autocorrelation——自相关回归分析。

Utilities——实用程序,其内容有:

    Compute percentiles——计算百分位数;

    Compute ranks——计算秩次;

    Standardize variables——标准化变量的值;

    Convert frequency of time series data——变换时间序列数据的频数;

    Create time series data——创建时间序列数据。

5. Planning Tools 规划工具

可选子菜单有:

Loan analysis——分析贷款信息与比较。

Design of exp——进行实验设计和分析相应的实验数据。

Project mGMT——进行项目管理任务,需要 SAS/QC 模块。

Spreadsheet——创建用于信息管理的电子表格。

Forecasting——时间序列预测,需要 SAS/CALC 模块。

Utilities——提供几个实用程序,用于解决特定任务,如生成一个日历、转换时间序列的频数等。

6. EIS 高级管理人员信息系统

该系统可用于开发和运行行政信息系统(executive information system,EIS)。一个 EIS 是一系列"应用"的集合,应用是指点击某图标就可用图表显示一个指定的重要资料的有关信息,为行政决策者快速提供直观、形象的信息。

7. Remote Connect 远程连接,提供信息交流功能

可选子菜单有:

Establish connection——建立连接。

Run——运行程序。

Transfer data——传送数据。

Terminate connection——终止连接。

Edit remote configuration——编辑远程配置参数。

Results——结果。

8. Results 结果管理

可选子菜单有：

Results manager——结果管理器，显示在使用 SAS/ASSIST 模块中曾存储过的有关文件的全部记录。

Access saved programs——访问已保存的程序。

Access saved output——访问已保存的输出结果。

Access saved log——访问已保存的日志。

Access saved graphs——访问已保存的图形。

Batch submit——成批执行。

9. Setup 设置

可选子菜单有：

File management——文件管理，其内容有：

  SAS data libraries——SAS 数据库；

  Assign maps——分配地图目录；

  Assign format libref——分配格式目录；

  External files——外部文件；

  Sort a table——对数据文件排序；

  Sample tables——样本数据集。

Environment——环境设置，其内容有：

  Forms management——形式管理；

  Graphics options——图形选项；

  Enter host command——引入主命令；

  Bath processing——成批处理；

  Uses SAS program editor——使用 SAS 程序编辑器；

  Catalogs for results——结果的记录清单；

  Catalog search path——记录搜索路径；

  Private/Public applications——个人清单/公共应用记录清单；

  Logon/Logoff exits——联机登录注册/退出登录；

  History file——历史记录文件。

Information——信息，其内容有：

  Browse catalog contents——浏览记录内容；

  Review function keys——查看功能键；

  SAS system help——SAS 系统帮助、辅助说明。

Profiles——轮廓,其内容有:

User——用户;

Master/Group——主控制/分组。

10. Index 索引

列出 SAS/ASSIST 模块中的所能完成的每一项内容。诸如,访问数据库(Access data base)、激活数据集选择(Table selection)、协方差分析(Analysis of covariance)、方差分析(Analysis of variance)等,其内容近 200 项。

11. Exit

退出 SAS/ASSIST,返回 SAS 主画面。

二、SAS/INSIGHT 视窗

SAS/INSIGHT 模块是一个相互独立的可视化数据软件。它的数据编辑器的功能十分强大,既可建立大型的数据集,又可调用现成的 SAS 样例数据集,进行各种编辑和其他的操作。尤其它具有很强的绘图功能,拟合常见分布类型和进行拟合优度检验的功能。在用户尚不知资料的分布情况下,可利用该功能对资料的分布情况进行探索性分析,以便用户恰当地选用相应的统计分析方法处理资料。

(一)进入 SAS/INSIGHT 视窗的方法

进入 SAS/INSIGHT 视窗(图 1.3)的方法有 3 种:

①在 SAS 主界面上单击 Solutions 菜单,弹出一个下拉菜单,选中 Analysis 中的 Interactive Data Analysis,即启动交互式数据分析应用软件,这时会出现一个要求选取分析用的数据集窗口,左边的 Library 是 SAS 数据库的库标记名,右边 Data Set 是库标记名为 SASUSER 下的数据集名。若用户想调用某个样例数据集,可直接选中后,点击窗口下边的 Open 按钮即可;若用户想输入自己的数据,创建新的 SAS 数据集,则点击窗口下边的 New 按钮即可。

②在 SAS/AWS 窗口的命令框内键入 INSIGHT,单击左端对钩框或按回车键均可进入 SAS/INSIGHT 视窗。

③在程序编辑窗口输入 PROC INSIGHT;RUN;单击 Submit 按钮。

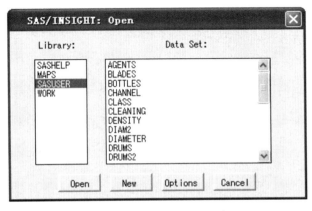

图 1.3　SAS/INSIGHT 视窗

(二)SAS/INSIGHT 窗口中主菜单简介

1. File 菜单

在文件管理菜单(File)中,可选子菜单有 New、Open、Save、PrintSetup、Print、Previen、Print、End。这 7 个选项的含义与在 PGM 窗口时相似(略)。

2. Edit 菜单

在文本编辑菜单(Edit)中,可选子菜单有:

Windows 中的内容为:

　　Renew——更新数据编辑器中的数据集;

　　Copy window——复制当前数据编辑器窗口;

　　Align——排列图形,即点击已绘出的图形中的某一部分时,在数据窗中显示相应的观测;

　　Animate——激活数据编辑器窗口中的某一列数据,使之自动循环流动;

　　Freeze——使绘制出的图形固定下来;

　　Select all—使数据编辑器窗口内的全部数据都被选中,以便对其实施某种操作;

　　Tools——激活数据编辑工具栏;

　　Fonts——激活字体设置窗口,以便选择所需要的字体;

　　Display options——激活显示选项窗口,以便指定所希望的选择项,改进显示的效果;

　　Window options——激活窗口选项窗口,以便指定所希望的选择项,设置窗口的颜色和大小。

　　Graph options——激活图形选项窗口,以便指定所希望的选择项,改进图示的效果。

Variables 中的内容为:

　　$\log(y)$——对以 y 为变量名的定量数据取以 e 为底的对数变换;

　　$\operatorname{sqrt}(y)$——对以 y 为变量名的定量数据取平方根变换;

　　$1/y$——对以 y 为变量名的定量数据取倒数变换;

　　$y * y$——对以 y 为变量名的定量数据取平方变换;

　　$\exp(y)$——对以 y 为变量名的定量数据取以 e 为底的指数变换;

　　other——取其他变换方式,如某些变量之间的相加、相减、相乘、相除等。

Observations 中的内容为:

　　Find——寻找符合条件的观测,以便在数据编辑窗口的图形中反映出来;

　　Examine——弹出一个用于检查观测的对话框,以便根据指定的观测序号,列出其变量相应的具体观测值;

　　Label in plost——在数据窗口序号之前用标签显示指定的那些观测;

　　Unlabel in plost——取消数据窗口序号之前的标签;

　　Show in graphs——在图形中显示指定的观测;

　　Hids in graphs——在图形中不显示指定的观测;

　　Include in calculations——使指定的观测参与计算;

　　Exclude in calculations——使指定的观测不参与计算;

　　Invert selection——逆向选择,即在图形中显示原先未被指定的那些观测。

Formats 中的内容为:8.0、9.1、10.2、11.3、12.4、13.5、14.6——这些都是数据输入、输出格式(w.d)的具体形式,其中 w 表示数据(含整数部分、小数点和小数部分)共占用的位数,d 为小数部分的位数;

E12——用科学记数法表达数据的一种格式;

Other——还有其他一些表达数据的格式。

Copy——复制文本。

3. Analyze 菜单

分析菜单(Analyze)中,可选子菜单有:

Histogram/Bar chart(y)——绘制直方图/条图。

Boxplot/Mosaic plot(y)——绘制箱式图/镶嵌图。

Line plot(y x)——绘制直线图。

Scatter plot(y x)——绘制散点图。

Contour plot(z y x)——绘制三维空间的轮廓图。

Rotating plot(z y x)——绘制三维空间中的旋转图。

Distribution(y)——拟合分布曲线图,并检验拟合优度。

Fit(y x)——拟合各种线性模型、广义线性模型和曲线模型。

Multivariate——进行主成分分析,并给出一些描述性统计量的值。

4. Tables、Graphs、Curves、Vars 菜单

Tables、Graphs、Curves、Vars 4 个选项,通常以虚体字出现。只在使用 Analyze 选项的后 3 个选项后,它们才能变成实体字(即开始起作用,但选 Distribution 项后,Vars 仍不起作用)。其内容会随 Analyze 选项的后 3 个选项的改变而改变。其中 Tables 选项包含的内容是与 Analyze 选项的后 3 个选项对应的分析过程中涉及的表格形式的结果。Graphs 选项涉及的是以统计图形式表达的结果。Curves 选项涉及的与曲线拟合和检验有关的结果。Vars 选项包含的内容只是与 Analyze 选项的后 3 个选项对应的分析过程涉及的有关新产生的变量,如用于回归诊断的统计量及其取值、主成分变量及其取值等。

5. Help 菜单

求助菜单(Help)的主要选项有:

Help on selection——按字母顺序列出 SAS/INSIGHT 中能完成的各项任务的解释信息。

Introduction——概括介绍 SAS/INSIGHT 的功能,包括特点概述、使用鼠标和菜单、援助 3 部分。

New in SAS/INSIGHT——分别介绍几个 SAS 版本中有关 SAS/INSIGHT 的增强功能。

Techniques——列出如何用 SAS/INSIGHT 完成各项任务的具体技巧。

References——将弹出一个菜单,其内容依次是如何打开数据窗口、Analyze 选项中各项内容的功能、调用 INSIGHT 过程的 SAS 语句的写法。

Index——索引与 Help on selection 的内容相同。

SAS system——关于整个 SAS 系统的帮助信息。

Create samples——创建 SAS 样例,即在 SAS/INSIGHT 中创建 SAS 样例数据集。

三、SAS/LAB 视窗

SAS/LAB 模块是一个为用户提供导入式的统计分析软件,为需要进行统计分析而又不十分了解统计学知识的用户,进行统计学分析与绘制统计图的工作。所提供的分析方法主要有:综合统计分析、简单线性回归分析、多元线性回归分析及方差分析、单因素方差分析、协方差分析等。可进行绘制的图形有条形图、箱形图、触须线图、轮廓图、散点图及线性图等。

(一)进入 SAS/LAB 视窗的方法

进入 SAS/LAB 视窗(图 1.4)的方法主要有 3 种。

①在 SAS 主界面上,单击 Solutions 菜单,弹出一个下拉菜单,选中 Analysis 中的 Guided data analysis,单击 Continue,即进入该视窗。

②在 SAS/AWS 窗口的命令框内,键入 LAB,单击左边的对钩框即可。

③若以→为途径(以下同),其步骤为单击 Solutions→ASSIST→Data analysis→Inter-active→Guided data analysis→Continue。

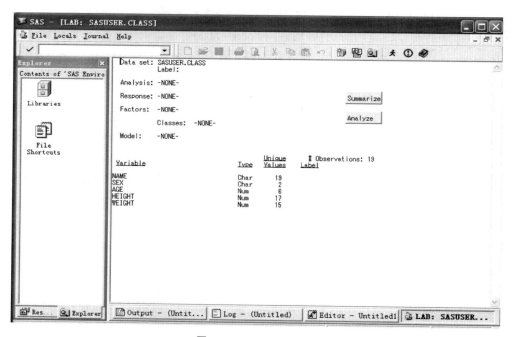

图 1.4 SAS/LAB 视窗

(二)SAS/LAB 窗口中主菜单简介

1. File 菜单

可选子菜单有:

New——新建一个数据集。

View data——浏览数据集,对数据集进行编辑。

Modify——对调用数据集的变量进行修改,如更改变量的属性、增加新的变量、删除未用的变量和对变量进行变换等。

Copy——复制选定的数据集。

Delete——删除某个数据集或剔除某些记录。

2. Locals 菜单

可选子菜单有：

Change——对变量、因素、统计模型及统计分析方法的转换，并可选择不同的变量进行统计分析。统计分析的方法有单因素方差分析（one-way ANOVA）、简单线性回归分析（simple linear regression）、多元线性回归分析及方差分析（multiple regression and ANOVA）、协方差分析（analysis of covariance）等。

Reset——取消待进行的命令。

Select observations——选择观测值。

Setup——环境设置。

3. Journal 菜单

可选子菜单有：

Save——保存当前窗口的文本或列出数据集，包括变量及观测。

Review——查看已保存的文本或图表。

Print——打印当前窗口的文本或列出的数据集以及已保存的文本和图表。

Archive——日记窗口档案。

4. Help 菜单

主要提供 LAB 窗口的帮助及功能键等。

四、SAS/AA 视窗

SAS/AA 模块是分析员应用（analyst application）的简写，在 SAS 8.2 版、SAS 9.0 版、SAS 9.3 版中有该模块。该模块有别于其他 SAS 的模块，它除了有自己的数据编辑器和主菜单外，还在数据编辑器的左边有一个窗口，专门以树状形式记录所采用分析资料的全过程，包括所调用的统计分析方法名、输出结果名以及自动生成的 SAS 程序名。点击这些名称，将显示相应的内容。在绘图和统计分析方面，与 SAS/ASSIST、SAS/INSIGHT、SAS/LAB 相比，绘图功能更强，还增加了估计 10 种简单情形下的样本含量或检验效能的方法。

(一)进入 SAS/AA 视窗的方法

在 SAS 主界面上，单击 Solutions 菜单后，按以下步骤：Solutions→Analyze→Statistical Analysis 或在命令框内，键入 Analyst，单击左边的对钩框即可；此时会弹出一个表格式的数据编辑窗口。在左侧的记录窗口中，标有"New"字。相应地主菜单条上也增加了与 SAS/AA 有关的各个项目(图 1.5)。

(二)SAS/AA 窗口中主菜单简介

1. File 菜单

可选子菜单有：New、Open、Open by SAS name、Import、Access prepared queries、Query、Save、(Save as、Save as by SAS name、Export、Print)、PrintSetup、End、Send、Exit。括号内的选项只在一定条件下才成为可用的选项。以下仅介绍与前面有不同含义的选项。

Open by SAS name——调入一个 SAS 数据集进入 SAS/AA 的数据窗。

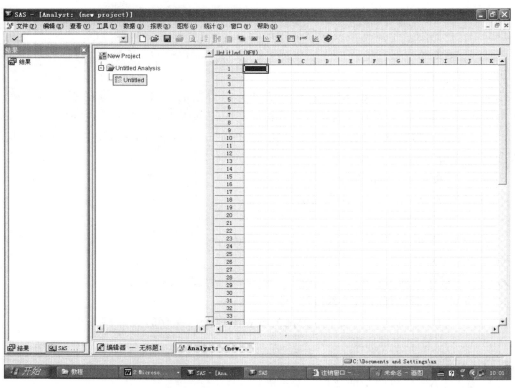

图 1.5 SAS/AA 视窗

Access prepared queries——存取一个曾在 SQL(结构查询语言)查询窗内创建过的查询文件。

Query——打开一个查询表,对系统能够管理的库中的文件进行查询。

2. Edit 菜单

可选子菜单有:

Mode——当调入一个数据集后,单击它会弹出一个上托菜单,即 Browse(浏览数据集),Shared edit(以共享的编辑模式存取数据,即每次可按行或按观测编辑数据集),Exclusive edit(以排外的编辑模式存取数据,即每次只能按列或按变量编辑数据集)。

SAS options——打开系统选择项设置窗口。

Preferences——打开一个偏好窗口,以便用户定义一些所需要的选项。定义的选项将在视窗(Viewer)中起作用。如对数据窗中的数据进行浏览(Browse);若选择"Shared edit",则按观测进行编辑;若选择"Exclusive edit",则按列编辑;若按"Output",则可以定义分析员应用软件输出结果的显示方式,缺省方式是显示第一部分输出结果(Display first output),显示图形式窗口边上带有滚动条;若按"Variable",就会出现定义变量的窗口。

Titles——打开一个标题窗口,以便用户定义一些所需要的标题。

3. View 菜单

可选子菜单有:

Columns appearance——数据集中各列的表现形式,选中该项后向右弹出一个上托菜单,即显示标签(Labels)、显示变量名(Name)、隐藏变量名和标签等信息(Hide)、重新排序(Reorder)。

Column attributes——数据集中列的属性,选中该项后会弹出一个数据集中各列属性的窗口。

Table attributes——以表格形式反映的关于整个数据集的有关属性。

4. Data 菜单

可选子菜单有:

Subset data——由现在的数据集产生满足某些特定条件的子数据集。

Subset clear——消除子数据集。

Colums——只有当选择列编辑模式后,它的作用才为增加列(Add)、删除列(Delete)、对列进行整理(Sort)。

Rows——只有当选择行编辑模式后,它的作用才为增加行(Add)、删除行(Delete)、对行进行整理(Sort)。

Random sample——根据现有数据集产生随机样本。

Transpose——对数据集进行行列倒置。

5. Graph 菜单

可选子菜单有:

Histogram——绘制定量观测值在各组段上的频数分布情况。

Box plot——绘制箱式图用长方形表示出定量观测值中自第 $25\%\sim75\%$ 位数所在的范围。

Probability plot——概率图用于反映定量观测值是否符合某特定概率分布(如正态分布等)。

Scatter plot——绘制散布图用于反映两个连续性变量之间的变化趋势。

Contour plot——绘制等高线图可在二维空间中表示三维图形。在等高线图中,用线或面表示与第 1 变量、第 2 变量(x,y)组成的平面图相对应的第 3 变量(z)的水平的大小。

Surface plot——绘制三维曲面图。

Setting——关于图形的背景、线条等颜色的设置和字体等的设置。

6. Statistics 菜单

可选子菜单有:

Descriptive——可进行描述性统计分析,内容有:

Summary statistics——用于计算一般统计量的值;

Destribution——用于拟合 4 种特定的概率分布曲线,即正态分布、对数正态分布、指数分布和威布尔分布,并用 4 种方法进行拟合优度检验;

Correlation——可对连续性变量作 Pearson 相关分析和几种秩相关分析;

Frequency counts——可用定量指标和定性指标编制频数分布表。

Table analysis——可对二维列联表资料进行统计分析,也可对三维列联表资料进行分层分析。

Hypothesis test——可对单(或两)个样本定量资料的总体均数进行 Z 检验、t 检验;对单(或两)个样本定量资料的总体方差进行检验;对单(或两)个样本定性资料的总体率进行检验。

ANOVA——可进行单(或多)因素方差分析、多元协方差分析。

Regression——进行简单(或多元)线性回归分析、多元 Logistic 回归分析。

Index——在窗口中列出 SAS/AA 模块中能实现的全部统计分析方法及绘图。

7. Sample Size 菜单

可选子菜单有:

One-sample t-test——单样本进行 t 检验时,所需样本含量的估计。

One-sample confidence interval——单样本进行估计总体均数置信区间时,所需样本含量的估计。

One-sample equivalence——单样本进行等效性检验时,所需样本含量的估计。

Paired t-test——配对设计资料进行 t 检验时,所需样本含量的估计。

Paired confidence interval——配对设计资料估计总体均数置信区间时,所需样本含量的估计。

Paired equivalence——配对设计资料进行等效性检验时,所需样本含量的估计。

Two-sample sample t-test——成组设计资料进行 t 检验时,所需样本含量的估计。

Two-sample confidence interval——成组设计资料估计总体均数置信区间时,所需样本含量的估计。

Two-sample equivalence——成组设计资料进行等效性检验时,所需样本含量的估计。

One-way ANOVA——单因素 k($\geqslant 3$)水平设计资料均数检验时,所需样本含量的估计。

8. Options 菜单

可选子菜单有:

Fonts——进入字体对话框,可以选择 SAS 使用的字体、字体样式和大小。

Preferences——进入用户嗜好对话框,可以设置界面的一些可选项。

Edit tools——进入工具编辑器,便于用户设置自己的工具栏。

9. Windows、Help 菜单

与 SAS/AWS 窗口中相似(略)。

习 题

1. SAS 系统的主要特点是什么？如何理解 SAS 系统的灵活特点？

2. 运用 SAS 系统不进行编程可以吗？

3. 如何启动 SAS 软件？SAS 软件启动后在屏幕上出现的显示管理系统(display management system)有哪五个主要窗口？它们的功能分别是什么？

4. SAS 管理系统以光标在编辑窗口时各主菜单的内容是什么？如何操作各主菜单？

第二章

SAS程序的基本结构和常用函数

SAS 软件运用的灵活性主要是通过编写简单的 SAS 程序来实现的。本章主要介绍 SAS 程序的基本结构,如何创建简单的 SAS 数据步(DATA Step)和 SAS 过程步(PROC Step)以及在 SAS 程序中应用的函数符号等。

第一节　SAS 程序的基本结构

一、SAS 程序的基本结构

SAS 程序由 SAS 数据步(DATA Step)和 SAS 过程步(PROC Step)两部分组成。

SAS 数据步是由 DATA 引导语句和数据(含数据下面的分号";")构成的一组 SAS 语句,其作用为定义数据集的名称和变量(如变量名称、变量类型等)并输入数据,建立 SAS 数据集。从概念上讲,SAS 数据集(又称"表")是包含描述符信息和相关数据值的文件,该文件是一个以观测为行、以变量为列 SAS 可以处理的表。某些 SAS 数据集还包含索引,方便 SAS 找到数据集内的记录。SAS 数据集的后缀名一律为 . sd2,后缀名并不出现在程序中。通俗地说,SAS 数据集是由 SAS 系统建立的具有特殊格式的数据文件。它将数据与变量紧密结合在一起。如何建立和调用 SAS 数据集是使用 SAS 软件的最基本和最重要的一个环节,因此要想灵活、方便地使用 SAS 软件,就必须掌握 SAS 数据集的建立和调用。SAS 系统只能分析 SAS 数据集的数据。input 和 cards 语句是数据步中的专用语句,其中 input 语句用来生成变量,cards 语句用来指明数据输入的开始。

SAS 过程步是由 PROC(英文的全称 procedure)引导语句开始和 RUN 结束语句构成的一组 SAS 语句,其主要作用是对已形成的 SAS 数据集通过调用现成的 SAS 过程进行统计分析、打印等处理。程序中的字符串或数字之间均以空格隔开,并以分号";"结束一物理行。SAS 语句书写格式有很大的宽容度,可从一行的任意位置开始,同一行可写多个语句,同一语句也可写成几行,每条语句均以分号";"结束,即各语句间必须用";"隔开,因此分号";"的作用是定义一条语句或指令。字母可大写或小写或大、小写混合用。以下是一个简单的 SAS 程序。

例 1. 有 3 个变量 x、y、z,每个变量都有 4 个观察值,进行 SAS 编程分析。

```
10   15   11
13   18   19
16   24   20
18   22   21
```

【SAS 程序】

```
DATA CASE;
INPUT x y z;
CARDS;
10   15   11
13   18   19
16   24   20
18   22   21
;
PROC means;
VAR x y z;
RUN;
```

【程序说明】

以上从"DATA"到数据下面独占一行的分号";"结束,为 SAS 数据步;从"PROC"到"RUN;"结束,为 SAS 过程步。

CASE 为产生的临时 SAS 数据集的名字,命名的原则:纯英文或英文与数字的组合,一个资料只能命名一个名字。

INPUT 语句产生 3 个变量名,即 x、y 和 z;对于非数字型的字符型变量,在变量名后应加上 $ 符号。

CARDS 表明其后是 x、y 和 z 的具体取值,上例的数据输入方法为纵向输入方法,即每一个变量的数值对应一列(以后还要学习横向输入方法)。输完数据后,一定另起一行打一个分号";",表明数据步结束。

PROC 为 SAS 过程步的开始语句,其后的 means 是 means 计算过程。该过程根据资料类型和分析命令可以进行多项内容分析计算,用户可以根据需要选择不同的选项计算。本例没有特别选项,means 过程只计算 x、y 和 z 三变量的平均数、标准差等基本数量特征。

VAR 语句指明对变量 x、y 和 z 进行分析,当然也可以只分析其中的一个或两个变量。RUN 语句表明 SAS 过程步的结束,不是运行的含义,即每一个过程步结束后必须加上"RUN;"命令。

在 SAS 8.0 以后的高级版本中,不同的语句的颜色是不一样的,其中数据的底色一定是黄色。另外,红色字体不能出现在全部程序中,如果出现红色字体,则说明有错误出现。

编完程序后,编辑运行菜单中的提交或编辑主菜单下面的提交图标,即命令 SAS 程序运行,其运行结果如下:

【结果显示】

SAS 系统

MEANS PROCEDURE

变量	N	均值	标准偏差	最小值	最大值
x	4	14.2500000	3.5000000	10.0000000	18.0000000
y	4	19.7500000	4.0311289	15.0000000	24.0000000
z	4	17.7500000	4.5734742	11.0000000	21.0000000

【结果解释】

计算结果显示了 3 个变量的观察值的个数、均值、标准偏差(标准差)、最小值和最大值。

二、在原始变量的基础上产生新变量

在原始变量的基础上定义产生新变量,这是一条新的命令,要用分号";"定义,同时与产生原始变量的语句隔开。

例 2. 计算例 1 的 3 个变量对应位置上的和(m)及其平均值(n)这两个新变量的基本数量特征。

【SAS 程序】

```
DATA CASE;
INPUT x y z;m=(x+y+z);
n=(x+y+z)/3;
CARDS;
10   15   11
13   18   19
16   24   20
18   22   21
;
PROC means;
VAR m n;
RUN;
```

【程序说明】

在数据步中,新加的两个语句:m=(x+y+z)语句是计算 3 个变量相同位置变量值的和,n=(x+y+z)/3 语句是计算 3 个变量相同位置变量值和的平均值。

在过程步中,VAR m n 语句是指定计算新变量 m 和 n。

【结果显示】

SAS 系统

MEANS PROCEDURE

变量	N	均值	标准偏差	最小值	最大值
m	4	51.7500000	11.6153634	36.0000000	61.0000000
n	4	17.2500000	3.8717878	12.0000000	20.3333333

【结果解释】

计算结果显示了 m 和 n 两个变量的观察值的个数、均值、标准偏差（标准差）、最小值和最大值。

三、在 SAS 系统的 PGM 窗口中创建 SAS 数据集

在 SAS 系统的 PGM 窗口中直接利用数据创建数据集。当数据较少时，用这种方法创建 SAS 数据集是较好的。

例 3. 将表 2.1 两水稻品种的产量结构资料创建 SAS 数据集，取名 trial。

表 2.1 两水稻品种的产量结构

品种	亩穗数/万 x1	穗粒数/粒 x2	千粒重/g x3	产量/kg y
A	20.5	102	26.2	547.8
A	21.0	98	26.4	543.3
A	20.3	110	26.1	582.8
A	20.6	104	26.0	557.0
A	20.8	102	26.0	551.6
B	26.7	82	25.2	551.7
B	27.0	80	25.3	546.5
B	26.8	85	25.0	569.5
B	26.4	86	25.0	567.6
B	26.5	85	25.0	563.1

【SAS 程序】

```
DATA trial;
INPUT name $ x1 x2 x3 y;
CARDS;
A 20.5 102 26.2 547.8
A 21.0  98 26.4 543.3
A 20.3 110 26.1 582.8
A 20.6 104 26.0 557.0
A 20.8 102 26.0 551.6
B 26.7  82 25.2 551.7
B 27.0  80 25.3 546.5
B 26.8  85 25.0 569.5
B 26.4  86 25.0 567.6
B 26.5  85 25.0 563.1
;
```

【程序说明】

第一句 DATA trial 要求创建一个名为 trial. sd2 的 SAS 数据集（sd2 为扩展名），数据集将被放在当前目录\. SASWORK 中。

第二句 INPUT name $ x1 x2 x3 y 要求创建的 SAS 数据集中生成 name、x1、x2、x3 和 y 5 个变量，name 变量后的"$"表示该变量为字符型变量。

第三句 CARDS 表明数据行的开始，下面即为输入数据，数据之间用一个或几个空格分开，至分号;结束，其分号必须另起一行单独写，表明数据行的结束，不能写在最后一行数据的后面。

四、由外部数据文件转换为 SAS 数据集

通过文字处理软件输入的 n 行 m 列的数据，并用纯文本格式保存而建立的文件称为外部数据文件。

例 4. 将表 2.1 两水稻品种的产量结构资料建成外部数据文件，其数据呈现的形式如下：

```
A   20.5   102   26.2   547.8
A   21.0    98   26.4   543.3
A   20.3   110   26.1   582.8
A   20.6   104   26.0   557.0
A   20.8   102   26.0   551.6
B   26.7    82   25.2   551.7
B   27.0    80   25.3   546.5
B   26.8    85   25.0   569.5
B   26.4    86   25.0   567.6
B   26.5    85   25.0   563.1
```

以上每一列对应一个变量，数值之间用空格隔开。数据文件是不包含变量名的，故必须知道哪一列数据是哪一个变量的值。数据输入结束后命名（名为 trial. dat）并将其存入 C 盘的目录上（也可存入软盘），这就建立了一个外部数据文件。

SAS 系统并不能直接处理外部数据文件，必须将外部数据文件转换为 SAS 数据集，才能为 SAS 系统调用。现以名为 trial. dat 的外部数据文件来创建 SAS 数据集，在 SAS 系统的编辑器窗口中编写以下语句：

【SAS 程序】

```
DATA trial;
INFILE 'C:trial. dat';
INPUT name $ x1 x2 x3 y;
RUN;
```

【程序说明】

第一句 DATA trial 表明 SAS 系统要创建一个名为"trial"的 SAS 数据集。

第二句 INFILE'C:trial. dat'要求调用上述存放在 C 盘的外部数据文件，所调用的外部数据文件名要用单引号括起来。

第三句 INPUT name $ x1 x2 x3 y 由于调用的外部数据文件不包含变量名，在此要指明

变量名,变量名的顺序要与外部数据文件中相应的变量一致。对于字符变量(如品种)在变量名后应加 $ 号。SAS 系统将根据 INPUT 语句的描述读入全部数据。

第四句 RUN;指示 SAS 系统执行上述语句,由一个外部数据文件"trial. dat"转换成一个名为"trial. sd2"的 SAS 数据集。

五、创建永久 SAS 数据集

以上两种方法创建的数据集均会被 SAS 系统自动保存在当前目录 SAS/WORK 中,SAS/WORK 子目录是 SAS 系统自动建立的,非用户所能控制,只要用户不退出 SAS 系统,此数据集随时可被调用进行各种统计分析。一旦用户退出 SAS 系统,就会自动删除 SAS/WORK 子目录下的所有文件,创建的数据集也不复存在,所以存放在 SAS/WORK 子目录中的数据集称为临时数据集。

创建永久 SAS 数据集,也就是当退出 SAS 系统或关机后,SAS 数据集仍在用户指定的目录下被永久地保留。除非用户用"Delete"命令将其删除。

要创建永久 SAS 数据集,必须给这个数据集规定存储的地方和名字,即给出一个由两个词组成的名字,如下:

LIBNAME rice'C\SAS\sasuser'

把库标记 rice 和 C 盘下 SAS 目录的子目录 sasuser 联系起来(也可是 C 盘下其他事先建好的目录)。

例如,现将以上的外部数据文件转换为永久 SAS 数据集,需在 SAS 系统的编辑器窗口中编写以下语句:

LIBNAME rice'C\SAS\sasuser';

DATA rice. trial;

INFILE'C:trial. dat';

INPUT name $ x1 x2 x3 y;

RUN;

在退出 SAS 系统后或关机,此时的数据集仍然存在 C 盘 SAS 目录下的子目录 sasuser 中,下次进入 SAS 系统后只要先用 LIBNAME 语句说明库关联名和库路径,即可调用该数据集。

为了简便起见,本教材以后章节的例子一般不再使用永久数据集。如读者需要可按以上方法加以使用。

第二节　SAS 过程

一、SAS 过程的编制

用户一旦创建了 SAS 数据集,即可使用 SAS 系统提供的 SAS 过程步进行各种分析和处理,并打印计算结果。

SAS 过程步是以 PROC 语句为开头的一个或一些 SAS 语句。每一个过程语句实际上是一个已经编好的一组程序名,执行该语句即执行了这一组程序。当用户要处理不同类型的问题时,需编制不同的过程步,而过程步中的各语句具有其特定的含义。

例 5. 用已创建的 SAS 数据集(表 2.1 两水稻品种的产量结构资料)来编制 SAS 过程步,切换到 SAS 系统的编辑器窗口中直接编写。

【SAS 程序】

```
DATA trial;
INPUT name $ x1 x2 x3 y;
CARDS;
    A   20.5   102   26.2   547.8
    A   21.0    98   26.4   543.3
    A   20.3   110   26.1   582.8
    A   20.6   104   26.0   557.0
    A   20.8   102   26.0   551.6
    B   26.7    82   25.2   551.7
    B   27.0    80   25.3   546.5
    B   26.8    85   25.0   569.5
    B   26.4    86   25.0   567.6
    B   26.5    85   25.0   563.1
    ;
PROC means;
RUN;
```

【程序说明】

以上 PROC means 语句指定计算基本统计数,包括平均数、标准差、最小值和最大值。

RUN 语句指出过程步结束。

【结果显示】

将上述程序提交给 SAS 分析处理(点击显示管理系统屏幕右上方的跑步"小人"或提交图标),运行后在 OUTPUT 窗口显示如下结果:

SAS 系统

MEANS PROCEDURE

变量	N	均值	标准偏差	最小值	最大值
x1	10	23.6600000	3.1924216	20.3000000	27.0000000
x2	10	93.4000000	10.8648260	80.0000000	110.0000000
x3	10	25.6200000	0.5672546	25.0000000	26.4000000
y	10	558.0900000	12.4695585	543.3000000	582.8000000

在过程步中加 by name 语句可以计算各品种的统计数。

【SAS 程序】

```
DATA trial;
INPUT name $ x1 x2 x3 y;
CARDS;
    A   20.5   102   26.2   547.8
    A   21.0    98   26.4   543.3
```

```
A    20.3    110    26.1    582.8
A    20.6    104    26.0    557.0
A    20.8    102    26.0    551.6
B    26.7     82    25.2    551.7
B    27.0     80    25.3    546.5
B    26.8     85    25.0    569.5
B    26.4     86    25.0    567.6
B    26.5     85    25.0    563.1
;
PROC means；by name；
RUN；
```

【程序说明】

by name 语句为分组或分类计算或指明排序的变量，本例为分品种计算各种统计数。

【结果显示】

SAS 系统

MEANS 过程

name＝A

变量	N	均值	标准偏差	最小值	最大值
x1	5	20.6400000	0.2701851	20.3000000	21.0000000
x2	5	103.2000000	4.3817805	98.0000000	110.0000000
x3	5	26.1400000	0.1673320	26.0000000	26.4000000
y	5	556.5000000	15.5393050	543.3000000	582.8000000

name＝B

变量	N	均值	标准偏差	最小值	最大值
x1	5	26.6800000	0.2387467	26.4000000	27.0000000
x2	5	83.6000000	2.5099801	80.0000000	86.0000000
x3	5	25.1000000	0.1414214	25.0000000	25.3000000
y	5	559.6800000	10.1025739	546.5000000	569.5000000

【结果解释】

计算结果显示了 A、B 两个品种 4 个变量的均值、标准偏差、最小值和最大值。

通过以上程序，我们知道用于处理数据的 SAS 过程一般应提供以下信息：处理的数据集是什么；要处理哪些变量；是否要分组处理数据等。如果 SAS 编程出现错误，就可以在编辑器窗口中进行修改，正确的 SAS 程序也可以通过文件保存的方式进行保存，以供调出应用。

二、常用的 SAS 过程

常用的过程语句如表 2.2 所列。

表 2.2　常用的过程语句

过程名	功能
Sort	将指定的数据集按指定变量排序
Print	将数据集中的数据列表输出
Tabulate	将数据按照指定的分类变量以表格的形式分类汇总
Means	对指定的数值变量进行简单的统计描述
Freq	对指定的分类变量进行简单的统计描述
T test	对指定的变量做 t 检验
Anova	对指定的变量做方差分析
Glm	对变量做方差分析,还可做回归分析、协方差分析
Reg	对指定的变量做回归分析
Corr	对指定的变量做相关分析
Nested	系统分组资料随机模型的方差分析、协方差分析
Plan	试验设计
Nlin	非线性回归模型

第三节　SAS 运算符和函数

一、运算符

1. 算术运算符

算术运算符如表 2.3 所列。

表 2.3　算术运算符

符号	定义
＊＊	乘方
＊	乘
／	除
＋	加
－	减

2. 比较运算符

比较运算符如表 2.4 所列。

表 2.4　比较运算符

符号	定义
＝或 EQ	等于
≠或 NE	不等于
＞或 GT	大于
＞＝或 GE	大于等于
＜或 LT	小于
＜＝或 LE	小于等于

3. 逻辑运算符

逻辑运算符如表 2.5 所列。

表 2.5　逻辑运算符

符号	定义
AND	逻辑与
OR	逻辑或
NOT	逻辑非

二、常用函数

这里主要介绍生物统计分析中能应用到的一些函数。

1. 算术函数

算术函数如表 2.6 所列。

表 2.6　算术函数

符号	定义
ABS(y)	y 的绝对值
SQRT(y)	y 的平方根
MOD(y1,y2)	y1 除以 y2 余数
SIGN(y)	取 y 的符号或 0

2. 截断函数

截断函数如表 2.7 所列。

表 2.7　截断函数

符号	定义
INT(y)	y 的整数部分
ROUND(y,n)	最接近的舍入值(如 n＝0.01 则数值为两位小数)

3. 数学函数

数学函数如表 2.8 所列。

表 2.8　数学函数

符号	定义
EXP(y)	e(2.71828)的 y 次幂
LOG(y)	y 的自然对数
LOG2(y)	y 的以 2 为底的对数
LOG10(y)	y 的普通对数(以 10 为底)

4. 三角函数

三角函数如表 2.9 所列。

表 2.9　三角函数

符号	定义
ARCOS(y)	y 的反余弦函数,y 在-1 与+1 之间,结果为弧度
ARSIN(y)	y 的反正弦函数,y 在-1 与+1 之间,结果为弧度
ATAN(y)	y 的反正切函数,结果为弧度
COS(y)	y 的余弦函数
SIN(y)	y 的正弦函数
TAN(y)	y 的正切函数

5. 概率分布函数

概率分布函数如表 2.10 所列。

表 2.10　概率分布函数

符号	定义
POISSON(λ,n)	poisson 分布概率值
PROBBNML(p,n)	二项分布概率值
PROBCHI(y,df)	卡方分布概率值
PROBF(y,ndf,ddf)	F 分布概率值
PROBNORM(y)	标准正态分布概率值
PROBT(y,df)	t 分布概率值

6. 样本统计函数

样本统计函数如表 2.11 所列。

表 2.11　样本统计函数

符号	定义
N(y1,y2…)	非缺失值数
MAX(y1,y2…)	最大值
MIN(y1,y2…)	最小值
RANGE(y1,y2…)	全距
SUM(y1,y2…)	数值总和
MEAN(y1,y2…)	算术平均数
CSS(y1,y2…)	离均差平方和
STD(y1,y2…)	标准差
STDERR(y1,y2…)	平均数标准误
VAR(y1,y2…)	方差
CV(y1,y2…)	变异系数
KURTOSIS(y1,y2…)	峰度系数(4 阶矩)
NMISS(y1,y2…)	缺失值数
SKEWNESS(y1,y2…)	偏度系数
USS(y1,y2…)	平方和($\sum y^2$)

习 题

1. SAS 程序的基本结构由哪两部分组成？其作用分别是什么？一个数据步后面只能编写一个过程步吗？

2. 分号";"的作用是什么？输完每一条语句后是否必须有分号？在原始变量的基础上产生新变量是否要用分号";"与产生原始变量的语句隔开？为什么？

3. 如何定义字符型变量？

4. 常用的创建 SAS 数据集方法是哪一种？INPUT 和 CARDS 语句在数据步中的作用分别是什么？

5. 举例说明什么是纵向输入方法。

6. 举例说明 VAR 语句、BY 语句和 RUN 语句在 SAS 过程步中的含义是什么。

7. 根据表 2.1 两水稻品种的产量结构资料,在编辑器窗口创建一个 SAS 数据集,在过程步中利用 MEANS 过程、VAR 语句和 BY 语句分别计算两个品种的每亩粒数性状(新变量)、千粒重和产量这三个变量的基本数量特征(本例要求两问由一次编程完成。同一个数据步后面可以有多个过程步)。

第三章
描述性统计的SAS过程

从事生物统计工作的人员在统计分析的初级阶段往往需要一些描述性的统计量。本章将介绍如何在 SAS 系统应用 MEANS(平均数)、SUMMARY(总和数)、UNIVARIATE(单变量分析)过程格式和 FORMAT(变量数据格式化命令)、PLOT(图形指令)、SORT(分组排序)等语句对试验资料进行描述性统计分析并绘制出相应资料的图表。

第一节　描述性统计的 SAS 过程格式和语句功能

一、MEANS 过程的格式及语句功能

PROC MEANS 语句的选项串。

VAR 变量名称串(界定参与分析的数值变量)。

BY 变量名称串(用于指明分组变量,但先对数据集中的分组变量由小到大排列,该步骤可由 PROC SORT 达成)。

CLASS 变量名称串(指明分类变量,依分类变量分组分析,而无须事先排序)。

WEIGHT 变量名称(指明加权变量)。

FREQ 变量名称(指明频数变量)。

OUTPUT OUT=统计值输出文件名,统计值关键字符=自己定义的变量名称。

MEANS 过程所计算的统计量(计算的项目或选项)是用关键词表示,这些关键词及其含义如下:

N:输入的观测值个数;

NMISS:每个变量所含缺失值的个数;

MEAN:变量的平均数;

STD:变量的标准差;

MIN:变量的最小值;

MAX:变量的最大值;

RANGE:变量的极差;

SUM:变量所有值的和;

VAR:变量的方差；

USS:每一变量原始数据的平方和(未校正平方和)；

CSS:每一变量的离均差平方和(校正平方和)；

CV:变异系数或偏差系数；

STDERR:每一变量的标准误差(平均数的标准差)；

T:在 H0:$\mu = 0$ 时的 t 值；

PRT:在 H0:$\mu = 0$ 的假设下,统计量 t 大于 t 临界值绝对值的概率；

SKEWNESS:偏斜度；

KURTOSIS:峰度；

CLM:置信区间的上限和下限；

LCLM:置信区间的下限；

UCLM:置信区间的上限。

另外,在 PROC MEANS 语句中还有 12 个选项,其中几个主要选项如下:

DATA=SAS 数据集:指出 SAS 数据集的名称,若省略,则使用最近产生的数据集；

MAXDEC=数字:指出所输出的结果中,小数部分的最大位数($0 \sim 8$),缺省时为 8 位；

FW=域宽:指出打印的结果中每个统计量的域宽,缺省时为 12；

VARDEF=DF/N:VARDEF=WDF 为缺省值,表示计算方差时,使用 $n-1$ 作分母；

VARDEF=N:表示计算方差时,使用观测值个数 n 作分母；

ALPHA=α 值:指出在计算置信区间时,选用的显著水平。

二、SUMMARY 过程、UNIVARIATE 过程的格式及语句功能

SUMMARY 过程的使用与 MEANS 过程类似,不同之处是必须调用 PRINT 过程才能输出分析结果。

UNIVARIATE 过程的使用与 MEANS 过程类似,不同之处是 UNIVARIATE 程序能够对变量的分配情形提供更多的信息。

三、FORMAT 语句、FREQ 语句、SORT 语句和 PLOT 语句的功能

FORMAT 语句:格式语句,定义变量的输入、输出格式,包括变量类型等。

FREQ 语句:频数过程语句,用于生成频数表,可以创建单向频数表、双向交叉表和 n 向交叉表；还可以计算关联测度和一致性测度,并依据分层变量排列输出,其选项 DATA 为界定数据集。

SORT 语句:分组排序语句,用于数据集的分类排序。

PLOT 语句:一般制图语句,描绘二维空间的图形位置,测试两个变量之间的关系。

第二节 描述性统计的 SAS 编程

一、计算基本统计数

例 1. 根据对某水稻品种试验结果的 140 行水稻产量数据为例(数据在程序内),分别用统

计程序 PROC MEANS、PROC SUMMARY、PROC UNIVARIATE 进行简单分析。

【SAS 程序】

```
options nodate nonumber；
data ex21；
input y @@；
cards；
177  215  197   97  123  159  245  119  119  131  149  152
167  104  161  214  125  175  219  118  192  176  175   95
136  199  116  165  214   95  158   83  137   80  138  151
187  126  196  134  206  137   98   97  129  143  179  174
159  165  136  108  101  141  148  168  163  176  102  194
145  173   75  130  149  150  161  155  111  158  131  189
 91  142  140  154  152  163  123  205  149  155  131  209
183   97  119  181  149  187  131  215  111  186  118  150
155  197  116  254  239  160  172  179  151  198  124  179
135  184  168  169  173  181  188  211  197  175  122  151
171  166  175  143  190  213  192  231  163  159  158  159
177  147  194  227  141  169  124  159
;
proc means n min max range mean std cv vardef＝wdf maxdec＝3；
run；
proc summary print；
var y；run；
proc univariate plot freq normal；
run；
```

同一个数据步可以同时编写两个或多个过程步,本例为 3 个过程步。

【程序说明】

在数据步中,options 语句设定结果输出选项,nodate nonumber 本程序设定结果输出时不显示日期和页码数。data 语句产生临时数据集 ex21,表明数据步的开始。input 语句指明读取变量 y,@@表示读入一条观察值后不换行,连续读入数据,即横向输入方法。cards 语句表明其下为数据行,数据行下的";"表明数据步结束。

在过程步中,proc means 语句指定计算基本统计数据,包括样本容量、最小值、最大值、极差、平均数、标准差、变异系数。vardef 用来选择计算标准差、方差时使用的是样本容量（n 或 wgt）,还是自由度（df 或 wdf）。maxdec 用来设置输出时的小数位数（本例为保留 3 位小数）。

【结果显示】

SAS 系统

MEANS 过程

分析变量:y

N	最小值	最大值	极差	均值	标准偏差	偏差系数
140	75.000	254.000	179.000	157.479	36.237	23.011

【结果解释】

按 means 过程步的要求输出样本容量、最小值、最大值、极差、平均数、标准差、偏差系数（变异系数）。

【程序说明】

proc summary 语句必须调用"print"才能输出分析结果（固定用法），同时要选用 var 语句指明要分析的变量 y。

【结果显示】

SAS 系统

summary 过程

分析变量:y

N	均值	标准偏差	最小值	最大值
140	157.4785714	36.2369238	75.0000000	254.0000000

【结果解释】

比较 proc summary 与 proc means 两种过程格式和语句，两者的差别仅为前者缺少极差和偏差系数两项统计数，这是因为在 proc means 语句后面指出了具体需要计算的统计数，否则两者显示结果相同。

【程序说明】

在 univariate 过程步中，proc univariate 语句后面的"normal""freq""plot"分别指出需给出检验资料是否遵循正态分布的统计数、制作频数分布表、用图形检验资料是否遵循正态分布，否则，结果仅给出正态分布统计数。

【结果显示】

输出窗口显示共 8 大项，有些不常用。

SAS 系统

univariate 过程

变量:y

（1）矩 Moments

N	140	权重总和	140
均值	157.478571	观测总和	22047
标准偏差	36.2369238	方差	1313.11465
偏度	0.08490495	峰度	-0.2131892
未校平方和	3654453	校正平方和	182522.936
变异系数	23.0107014	标准误差均值	3.06257903

（2）基本统计测度 Basic Statistical Measures

位置		变异性	
均值	157.4786	标准偏差	36.23692
中位数	158.5000	方差	1313
众数	159.0000	极差	179.00000
四分位极差	49.00000		

（3）位置检验：Tests for Location：Mu0＝0

检验	-----统计量-----		------------P 值-----------	
学生 t	t	51.42025	Pr＞|t|	＜.0001
符号	M	70	Pr＞＝|M|	＜.0001
符号秩	S	4935	Pr＞＝|S|	＜.0001

（4）正态性检验 Tests for Normality

检验	--------统计量-------		------------P 值-----------	
Shapiro-Wilk	W	0.99477	Pr＜W	0.8953
Kolmogorov-Smirnov	D	0.036073	Pr＞D	＞0.1500
Cramer-von Mises	W-Sq	0.016666	Pr＞W-Sq	＞0.2500
Anderson-Darling	A-Sq	0.134831	Pr＞A-Sq	＞0.2500

（5）分位数 Quantiles（Definition 5）（定义 5）

分位数	估计值
100％ 最大值	254.0
99％	245.0
95％	215.0
90％	205.5
75％ Q3	180.0
50％ 中位数	158.5
25％ Q1	131.0
10％	109.5
5％	97.0
1％	80.0
0％ 最小值	75.0

（6）极值观测 Extreme Observations

------最小值------		------最大值------	
值	观测	值	观测
75	63	227	136
80	34	231	128
83	32	239	101
91	73	245	7
95	30	254	100

(7)频数统计 Frequency Counts

值	计数	百分比 单元格	累积	值	计数	百分比 单元格	累积	值	计数	百分比 单元格	累积	值	计数	百分比 单元格	累积
75	1	0.7	0.7	131	4	2.9	25.7	161	2	1.4	55.7	189	1	0.7	81.4
80	1	0.7	1.4	134	1	0.7	26.4	163	3	2.1	57.9	190	1	0.7	82.1
83	1	0.7	2.1	135	1	0.7	27.1	165	2	1.4	59.3	192	2	1.4	83.6
91	1	0.7	2.9	136	2	1.4	28.6	166	1	0.7	60.0	194	2	1.4	85.0
95	2	1.4	4.3	137	2	1.4	30.0	167	1	0.7	60.7	196	1	0.7	85.7
97	3	2.1	6.4	138	1	0.7	30.7	168	2	1.4	62.1	197	3	2.1	87.9
98	1	0.7	7.1	140	1	0.7	31.4	169	2	1.4	63.6	198	1	0.7	88.6
101	1	0.7	7.9	141	2	1.4	32.9	171	1	0.7	64.3	199	1	0.7	89.3
102	1	0.7	8.6	142	1	0.7	33.6	172	1	0.7	65.0	205	1	0.7	90.0
104	1	0.7	9.3	143	2	1.4	35.0	173	2	1.4	66.4	206	1	0.7	90.7
108	1	0.7	10.0	145	1	0.7	35.7	174	1	0.7	67.1	209	1	0.7	1.4
111	2	1.4	11.4	147	1	0.7	36.4	175	4	2.9	70.0	211	1	0.7	92.1
116	2	1.4	12.9	148	1	0.7	37.1	176	2	1.4	71.4	213	1	0.7	92.9
118	2	1.4	14.3	149	4	2.9	40.0	177	2	1.4	72.9	214	2	1.4	94.3
119	3	2.1	16.4	150	2	1.4	41.4	179	3	2.1	75.0	215	2	1.4	95.7
122	1	0.7	17.1	151	3	2.1	43.6	181	2	1.4	76.4	219	1	0.7	96.4
123	2	1.4	18.6	152	2	1.4	45.0	183	1	0.7	77.1	227	1	0.7	97.1
124	2	1.4	20.0	154	1	0.7	45.7	184	1	0.7	77.9	231	1	0.7	97.9
125	1	0.7	20.7	155	3	2.1	47.9	186	1	0.7	78.6	239	1	0.7	98.6
126	1	0.7	21.4	158	3	2.1	50.0	187	2	1.4	80.0	245	1	0.7	99.3
129	1	0.7	22.1	159	5	3.6	53.6	188	1	0.7	80.7	254	1	0.7	100.0
130	1	0.7	22.9	160	1	0.7	54.3								

(8)正态概率图 Normal Probability Plot

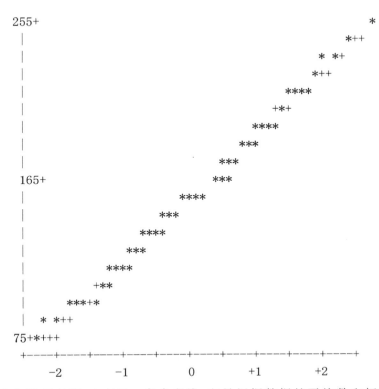

*表示每个实际观察值,+表示一条参考线,它是根据数据的平均数和标准差划分的,如果观察值呈正态分布,则实际观察值应落在这条参考线上。

【结果解释】

以上根据 proc univariate 语句分析的要求给出了 3 个方面的统计量:

第一是 normal——给出正态分布统计数,其中包括:①样本容量 n;观察值次数的加权总和 Sun Weights;观察值总和 Sun $= \sum x$;未校正平方和 Uss $= \sum x^2$;校正过的平方和 Css $= n \sum x^2 - (\sum x)^2$;变异系数 CV $= 100\% \times S/\bar{x}$;等等。②平均数(Mean)、标准差(Std)、方差(Var)等。③t 检验和两种非参检验。④提供 4 种正态性检验。⑤分位数和极端值。⑥极端值表。

第二是 freq——产生频数和累积频数分布表⑦。

第三是 plot——产生图形,主要是正态概率图⑧。

虽然 proc univariate 语句分析的统计量比 proc summary 和 proc means 语句多,但有些统计量对一般用户不需要,在实际应用时可自己选择。

例 2. 测得 120 头健康猪血红蛋白含量(g/100 mL)于程序数据行中,试对该资料进行描述性统计分析。

1. 编程法分析

【SAS 程序】

```
options nodate nonumber;
data li;input y @@;
```

```
cards;
```

13.2	11.0	9.7	11.6	11.6	12.2	12.6	14.8	14.3	13.1
12.6	10.0	11.0	11.7	12.0	12.4	12.5	12.8	13.4	13.8
14.4	14.7	14.8	14.4	13.9	13.0	13.0	12.5	12.3	12.1
11.8	11.0	10.1	10.1	11.1	11.6	12.0	12.7	12.6	13.4
13.5	13.5	14.0	15.0	15.1	13.5	13.5	13.2	12.7	12.8
16.3	12.1	11.7	11.2	10.5	11.3	11.8	12.4	12.8	12.8
13.3	13.6	14.1	15.2	15.3	14.6	14.2	13.7	13.4	12.9
12.9	12.4	11.9	11.1	10.7	10.8	11.4	11.5	12.5	12.1
12.8	13.2	13.8	14.1	14.7	15.6	12.4	15.6	14.8	14.0
13.1	12.5	12.7	12.0	12.4	11.6	11.5	10.9	11.0	13.7
13.2	12.8	12.0	14.1	10.5	14.5	12.3	12.6	13.9	11.6
11.5	12.3	12.5	12.7	13.0	13.1	12.2	13.9	14.2	14.9

```
;
proc means n mean std cv min max range;run;
```

【结果显示】

SAS 系统

MEANS PROCEDURE

分析变量:y

N	均值	标准差	变异系数	最小值	最大值	极差
120	12.7941667	1.3469103	10.5275345	9.7000000	16.3000000	6.6000000

2. 在图形化视窗中进行非编程分析(英文版)

非编程的分析或操作都必须先创建数据集。例 2 资料创建数据集的方法为:调出程序,删除 proc 以下的语句,按工具栏中的小人图标(Submit),这样就生成了一个临时性的数据集,即 work. li,接下来可调用 SAS/LAB 和 SAS/ASSIST 模块,分别对新创的数据集进行描述性分析。

(1)用 SAS/LAB 模块 由进入 SAS/LAB 视窗的方法中任选一种,本例选择直接在命令盒中键入,按回车键或点击对钩框进入 SAS/LAB 视窗,整个操作步骤为:

键入 LAB→点击对钩框→Data set→work→li→ok→Summarize→Normal probability→Histogram→Statistics→Frequencies。

(2)用 SAS/ASSIST 模块 具体操作步骤为:

Solutions→ASSIST→Data Analysis→Elementary→Summary statistics→Table→work→li→ok→Columns→x→►→点击所需输出结果前的复选框→Run→Submit。

【说明】

在调用以上两个模块进行分析时,在有多个选项的窗口中,可根据需要点击各项前的复选框,系统将输出有叉框的选项结果,若要取消某选项,可再次点击成为无叉框即可。以上操作输出结果与编程法相似,不再赘述。由此可以看出,编程方法简单又灵活,以后例题不再进行非编程方法的说明。

二、连续性变量频数分布表的制作和利用频数分布表进行计算

1. 连续性变量频数分布表的制作

从例1中发现,只要输出的频数分布表的两个数据不完全相同,就将被记入不同的组,分组过细,无实用价值。在实际的应用中要根据试验资料的极差、组数和组距来产生有实用价值的频数分布表及其相应的统计数。

例 3. 根据例1中的140行水稻产量数据,制作以组距为15的频数分布表。

【SAS 程序】

```
options nodate nonumber；
data ex31；
input y @@；
cards；
177  215  197   97  123  159  245  119  119  131  149  152
167  104  161  214  125  175  219  118  192  176  175   95
136  199  116  165  214   95  158   83  137   80  138  151
187  126  196  134  206  137   98   97  129  143  179  174
159  165  136  108  101  141  148  168  163  176  102  194
145  173   75  130  149  150  161  155  111  158  131  189
 91  142  140  154  152  163  123  205  149  155  131  209
183   97  119  181  149  187  131  215  111  186  118  150
155  197  116  254  239  160  172  179  151  198  124  179
135  184  168  169  173  181  188  211  197  175  122  151
171  166  175  143  190  213  192  231  163  159  158  159
177  147  194  227  141  169  124  159
；
proc format；
value fmtx low－＜82.5＝'67.5－'
        82.5－＜97.5＝'82.5－'
            97.5－＜112.5＝'97.5－'
            112.5－＜127.5＝'112.5－'
            127.5－＜142.5＝'127.5－'
            142.5－＜157.5＝'142.5－'
            157.5－＜172.5＝'157.5－'
            172.5－＜187.5＝'172.5－'
            187.5－＜202.5＝'187.5－'
            202.5－＜217.5＝'205.5－'
            217.5－＜232.5＝'217.5－'
            232.5－＜247.5＝'232.5－'
            247.5－high＝'247.5－'；
```

run；

proc freq data＝ex31；

table y；

format y fmtx. ；

run；

【程序说明】

proc format 语句为格式语句，定义变量的输入、输出格式，包括变量类型等。

value fmtx low－<82.5；定义数字型变量取"fmtx"变量名。范围为规定变量可能取值的范围（组距），可根据分组需要来定。本例第一组下限用"low"表示，最后一组上限用"high"表示。格式值是转换后输出的值。

proc freq data＝ex31 语句指定对数据集 ex31 的资料制作频数分布表。

table 语句定义表格语句，由变量（y）组成单向分组频数分布表。

【结果显示】

SAS 系统
FREQ 过程

y	频数	百分比	累积频数	累积百分比
67.5－	2	1.43	2	1.43
82.5－	7	5.00	9	6.43
97.5－	7	5.00	16	11.43
112.5－	14	10.00	30	21.43
127.5－	17	12.14	47	33.57
142.5－	20	14.29	67	47.86
157.5－	24	17.14	91	65.00
172.5－	21	15.00	112	80.00
187.5－	13	9.29	125	89.29
205.5－	9	6.43	134	95.71
217.5－	3	2.14	137	97.86
232.5－	2	1.43	139	99.29
247.5－	1	0.71	140	100.00

【结果解释】

以上输出的频数分布表有五列内容，分别为每组的下限、频数、频率、累积频数和累积频率。从频数分布表可以看出，该资料的多数数据集中分布以下限为 157.5 的那组附近，变量方面最小的一组的下限为 67.5，最大一组的下限为 247.5，它们组中的数据出现的次数非常少。

2. 利用频数分布表进行计算

例 4. 由以上频数分布表得表 3.1，现以组中点为每组的代表值（y），计算该资料的平均数、方差、标准差和变异系数。

【SAS 程序】

```
data ex32；
input y f @@；
cards；
75  2  90  7  105  7  120  13  135  17  150  20  165  25
180  21  195  13  210  9  225  3  240  2  255  1
；
proc means n mean var std cv vardef＝wdf；
var y；
weight f；
run；
```

表 3.1　140 行水稻产量的频数分布

每限	组中点（y）	频数（f）
67.5—	75	2
82.5—	90	7
97.5—	105	7
112.5—	120	13
127.5—	135	17
142.5—	150	20
157.5—	165	25
172.5—	180	21
187.5—	195	13
202.5—	210	9
217.5—	225	3
232.5—	240	2
247.5—	255	1
合计		140

【程序说明】

input 语句指明读取组中值 y（y：75，90，…，225）和频数 f（f：2，7，…，1）变量。

var y 指明分析的变量为 y。

weight f 语句指明计算 y 变量的平均数、标准差等数量特征值时以频数变量 f 作为权系数。

根据分组资料计算方差或标准差时，一定用 vardef＝wdf 指定用自由度计算，否则结果相差很大。

【结果显示】

SAS 系统

MEANS 过程

分析变量:y

N	均值	方差	标准偏差	偏差系数
13	157.9285714	1328.77	36.4523228	23.0815251

例 5. 测量 120 头健康猪血红蛋白含量(g/100 mL),得到频数分布(表 3.2),试对该资料进行描述性统计分析。

表 3.2　120 头健康猪血红蛋白频数分布

血红蛋白	9—	10—	11—	12—	13—	14—	15—	16—
组中值(x)	9.5	10.5	11.5	12.5	13.5	14.5	15.5	16.5
频数(f)	1	8	22	38	26	18	6	1

【SAS 程序】

```
data pig23;
input x f @@;
cards;
9.5    1   10.5    8   11.5   22   12.5   38
13.5  26   14.5   18   15.5    6   16.5    1
;
proc means n mean var std cv vardef=wdf;
var x;
weight f;
run;
```

【程序说明】

input 语句指明读取组中值 x(x:9.5,10.5,…,16.5)和频数 f(f:1,7,…,1)变量。

var x 指明分析的变量为 x,

weight f 语句指明计算 x 变量的平均数、标准差等数量特征值时以频数变量 f 作为权系数。

【结果显示】

SAS 系统

MEANS 过程

分析变量:x

N	均值	方差	标准偏差	偏差系数
8	12.8583333	1.8116947	1.3459921	10.4678580

三、分类排序

分类排序是重新排列数据集中的数据,并按一个或几个变量值的确定次序排列。

1. 三种排序的 SAS 语句和格式

例 6. 对下面 5 个带有属性的数据分别由小到大、由大到小和按其属性字母排序。

a 6 b 8 c 15 d 11 e 3
【SAS 程序】
data li；
input name $ y @@；
cards；
a 6 b 8 c 15 d 11 e 3
；
proc sort；by y；proc print；run；
proc sort；by descending y；proc print；run；
proc sort；by name；proc print；run；
【程序说明】
　　过程步 1 是对 y 由小到大排序，用 sort 由小到大排序，用 by 指明排序的变量。
　　过程步 2 是对 y 由大到小排序，用 sort 排序，在 by 指明排序的变量，y 的前面加 descending 语句即可以对变量 y 由大到小排序。
　　过程步 3 是对数字前面的字母按字母顺序排序，用 sort 排序，用 by 指明排序的字符型变量。
【结果显示】
　　过程步 1 是对 y 由小到大排序的结果。

SAS 系统

Obs	name	y
1	e	3
2	a	6
3	b	8
4	d	11
5	c	15

过程步 2 是对 y 由大到小排序的结果。

SAS 系统

Obs	name	y
1	c	15
2	d	11
3	b	8
4	a	6
5	e	3

过程步 3 是对数字前面的字母按字母顺序排序的结果。

SAS 系统

Obs	name	y
1	a	6
2	b	8
3	c	15
4	d	11
5	e	3

【结果解释】

第一种结果是对 y 变量值由小到大排序,而字符型变量 name 的各个值字母的排序则是依附于相对应数字的排序;第二种结果是对 y 变量值由大到小排序,而字符型变量 name 的各个值字母的排序则是依附于相对应数字的排序;第三种结果是对 name 变量值按字母顺序进行排列,而数字型变量 y 观察值的排序则是依附于字符型变量 name 的各个值字母的排序。

2. 根据字母顺序排序分类举例

例 7. 根据某畜牧公司生产畜产品(S、C),由 18 位职员(A、B、…、R)在四地区(east、south、west、north)销售,将得出的数据包括销售人员名字[name、地区(region)]、产品(type)和年销售量(sale)的资料列于表 3.3 中,现将该资料按销售的产品类型和地区分类,并计算其销售量的基本统计数。

表 3.3 畜牧公司产品销售资料

序号	姓名 name	销售量 sale	地区 region	产品 type	序号	姓名 name	销售量 sale	地区 region	产品 type
1	A	9664	east	S	10	K	42109	west	S
2	D	86432	east	C	11	N	64700	south	C
3	G	21531	west	S	12	Q	38712	north	S
4	J	32915	west	S	13	C	27253	east	S
5	M	25718	south	S	14	F	38928	west	C
6	P	32719	north	S	15	I	18523	west	S
7	B	22969	east	S	16	L	94320	south	C
8	E	99210	east	C	17	O	27634	south	S
9	H	79345	west	C	18	R	97214	north	C

【SAS 程序】

```
Data ex33;
input name $ sale region $ type $ @@;
cards;
a 9664  e s  d 86432 e c  g 21531 w s  j 32915 w s
m 25718 s s  p 32719 n s  b 22969 e s  e 99210 e c
h 79345 w c  k 42109 w s  n 64700 s c  q 38712 n s
c 27253 e s  f 38928 w c  i 18523 w s  l 94320 s c
o 27634 s s  r 97214 n c
;
proc sort;by type;proc means;by type;run;
proc sort;by region;proc means;by region;run;
```

【程序说明】

input 语句指明输入姓名(name)、销售量(sale)、销售地区(region)和销售产品(type)变量。因为姓名、销售地区和销售产品变量是属字符变量,所以在其后必须用"$"符号。

proc sort 语句指明需要分类排序。

by type 语句按销售产品类型分类。

by region 语句按销售地区分类。

proc means 语句利用 means 过程计算基本数量特征。

前面是对产品类型或销售地区按字母顺序排序分类,后面为分类计算,即先排序分类,再分类计算。

【结果显示】

proc sort;by type;proc means;by type;run;对产品类型排序分类计算的结果

(1)SAS 系统

——————————————type＝c——————————————

MEANS 过程

分析变量：sale

N	均值	标准偏差	最小值	最大值
7	80021.29	21730.18	38928.00	99210.00

——————————————type＝s——————————————

分析变量：sale

N	均值	标准偏差	最小值	最大值
11	27249.73	9236.48	9664.00	42109.00

proc sort;by region;proc means;by region;run;对销售地区排序分类计算的结果

(2)SAS 系统

——————————————region＝e——————————————

MEANS 过程

分析变量：sale

N	均值	标准偏差	最小值	最大值
5	49105.60	40681.72	9664.00	99210.00

——————————————region＝n——————————————

分析变量：sale

N	均值	标准偏差	最小值	最大值
3	56215.00	35632.39	32719.00	97214.00

——————————————region＝s——————————————

分析变量：sale

N	均值	标准偏差	最小值	最大值
4	53093.00	32822.45	25718.00	94320.00

——————————————region＝w——————————————

分析变量：sale

N	均值	标准偏差	最小值	最大值
6	38891.83	21903.52	18523.00	79345.00

【结果解释】

(1)是按销售的产品类型分类(c 产品和 s 产品)而得的基本统计数。

(2)是按销售地区分类(东、北、南和西)而得的基本统计数。

习 题

1. 用于描述性统计的 SAS 过程有哪几个？各有什么特点？常用哪一个过程？

2. 在数据步中如何对变量进行横向输入？by 和 class 语句都可以用来分组，它们有什么主要区别？

3. 举例说明如何利用编程对变量进行由小到大、由大到小以及按字母顺序排序。

4. 5 名同学各 3 门课程的考试成绩依次分别为：

    A 90 86 88   B 100 98 89   C 79 76 70

    D 68 71 64   E 100 89 99

（1）编程分别求出每门课程考试成绩的最低分、最高分、平均分、极差、标准差、变异系数（利用 means 过程，maxdec＝1）。

（2）编程计算每个同学各自 3 门课程的平均成绩（新变量）并依大到小进行排序。

注意：两问要求同一个数据步，同时编写两个过程步。

提示：在数据步中首先输入 4 个原始变量（1 个字符型变量、3 个数字型变量），再产生 1 个新变量（每个学生 3 门课程的平均值）。在第一问的过程步中要求用 var 语句指定分析的变量，在第二问的过程步中对新变量由大到小排序。

5. 对 1 000 株马尾松胸径资料分组整理结果如下：

胸径分组（y）	0-1	1-2	2-3	3-4	4-5	5-6	6-7	7-8	8-9	9-10	10-11
株数（fi）	25	21	110	186	199	181	132	68	37	21	20

编程计算该资料胸径的基本统计数，包括样本容量、最小值、最大值、极差、平均数、方差、标准差和变异系数（maxdec＝1）。

6. 有 50 个小区水稻产量的资料如下：

37 46 38 38 39 35 35 33 35 36 36 35 38 34 35 37 37 32 36 35

39 39 42 33 36 36 35 38 36 33 33 35 34 28 30 33 35 36

34 41 39 43 36 35 26 34 35 31

（1）编程制作频数分布表（分 8 组，组距为 3，第一组的下限为 24.5），并进行计算结果的简单分析。

（2）编程利用上问的频数分布表计算基本统计数，包括样本容量、最小值、最大值、极差、平均数、方差、标准差和变异系数（maxdec＝1）。

7. 下面为 100 头某品种猪的血红蛋白含量（g/100 mL）资料：

13.4 13.8 14.4 14.7 14.8 14.4 13.9 13.0 13.0 12.8 12.5 12.3 12.1 11.8

11.0 10.1 11.1 10.1 11.6 12.0 12.0 12.7 12.6 13.4 13.5 13.5 14.0 15.0

15.1 14.1 13.5 13.5 13.2 12.7 12.8 16.3 12.1 11.7 11.2 10.5 10.5 11.3

11.8 12.2 12.4 12.8 12.8 13.3 13.6 14.1 14.5 15.2 15.3 14.6 14.2 13.7

13.4 12.9 12.9 12.4 11.9 11.1 10.7 10.8 11.4 11.5 12.0 12.1 12.8

9.5 12.3 12.5 12.7 13.0 13.1 13.9 14.2 14.9 12.4 13.1 12.5 12.7 12.0

12.4 11.6 11.5 10.9 11.1 11.6 12.6 13.2 13.8 14.1 14.7 15.6 15.7 14.7

14.0 13.9

（1）用编程法分析计算基本统计量：平均数、方差、标准差和变异系数。

（2）编程绘制有实用价值的频数分布表。

8. 随机测量某品种 120 头 6 月龄母猪的体长，经整理得到如下频数分布表。编程计算其平均数、标准差与变异系数。

组别	组中值（x）	次数（f）
80—	84	2
88—	92	10
96—	100	29
104—	108	28
112—	116	20
120—	124	15
128—	132	13
136—	140	3

第四章
统计假设检验的SAS过程

统计假设检验(单个样本平均数据的假设检验、两个样本平均数相比较的假设检验)是根据抽样分布的规律和概率论的原理,由样本的结果推断其总体特征。本章介绍在 SAS 系统中如何利用 MEANS、SUMMARY、UNIVARIATE 和 TTEST 过程对连续性变量资料(单个样本平均数、成对设计和成组设计两个平均数相比较)进行统计假设检验。

第一节　统计假设检验的 SAS 过程格式和语句功能

一、MEANS 过程格式及语句功能

MEANS 过程在统计假设检验中主要用于单个样本平均数、成对设计两个平均数相比较的统计假设检验。

PROC MEANS 语句选项串。

VAR 变量名称串:界定(指明)参与分析的数值变量。

MEANS 过程所计算的统计量(计算的项目或选项)是用关键词表示,这些关键词及其含义在统计假设检验中如下:

N:样本容量;

MEAN:平均数;

STDERR:平均数标准误;

T:t 值;

PRT:概率(概率是指 t 值在 t 分布中的两尾概率或实得结果由试验误差造成的概率)。

二、SUMMARY 过程格式及语句功能

SUMMARY 过程在统计假设检验中主要用于单个样本平均数、成对设计两个平均数相比较的统计假设检验。

PROC SUMMARY 语句选项串。

VAR 变量名称串:界定参与分析的数值变量。

OUTPUT:t＝t　prt＝p　mean＝md　std＝sd　stderr＝msd 通过在该语句的以上选项

实现统计假设检验,统计值输出文件名,统计值关键字符串。

PROC PRINT:打印输出语句。

三、UNIVARIATE 过程格式及语句功能

UNIVARIATE 过程在统计假设检验中主要用于单个样本平均数、成对设计两个平均数比较的统计假设检验。

PROC UNIVARIATE 语句的选项串。

VAR 变量名称串:界定参与分析的数值变量。

OUTPUT:t=t prt=p mean=md std=sd stderr=msd 通过在该语句的以上选项实现统计假设检验,=统计值输出文件名,统计值关键字符串。

PROC PRINT:打印输出语句。

四、TTEST 过程格式及语句功能

TTEST 过程在统计假设检验中同样适用于单个样本平均数、成对设计和成组设计两个平均数相比较的统计假设检验,但是成组设计两平均数相比较的统计假设检验必须用 TTEST 过程。

PROC TTEST 语句的选项串。

CLASS 变量名称串:指明分组或分类变量,这里的分组变量仅为 2 个水平。

VAR 变量名称串:界定或指明参与分析的数值变量。

BY 变量名称串:用于指明分组变量,但先对数据集按分组变量由小到大排列,该步骤可由 PROC SORT 完成。

MEANS 过程可以用 maxdec 限制输出结果的小数位数,但是 TTEST 过程不可以用 maxdec 限制输出结果的小数位数。

第二节 统计假设检验的 SAS 编程

一、单个样本平均数的统计假设检验的 SAS 编程

单个样本平均数的统计假设检验在 SAS 系统中可用 MEANS、SUMMARY、UNIVARIATE 和 TTEST 的过程格式和语句来进行。

例 1. 对某春小麦良种的多年种植,知其千粒重 $\mu 0 = 34$ g,现从外地引入一高产品种,在 8 个小区种植,得其千粒重(g)为:35.6、37.6、33.4、35.1、32.7、36.8、35.9、34.6,问新引入品种的千粒重与当地良种有无显著差异?

1. PROC MEANS 过程

【SAS 程序】

```
data ex41;
input y @@;
y=y−34.0;
cards;
```

35.6　37.6　33.4　35.1　32.7　36.8　35.9　34.6

；

proc means n mean stderr t prt clm maxdec＝3；

run；

【程序说明】

　　input y @@采用横向输入方法输入 y 变量的各个数值。

　　y＝y－34.0 在 SAS 系统中是分析各个 y 与 $\mu 0＝34$ 的差值，因此产生一个差值的分析变量。

　　proc means 过程：计算基本统计数据，包括样本容量 n、平均数 $\bar{y}$、平均数标准误 s_y、t 值、概率（指实得结果由误差造成的概率）和总体均值 μ 的 95％值信度的置信区间的下限和上限。

【结果显示】

SAS 系统

MEANS 过程

分析变量：y

N	均值	标准误差	t 值	Pr＞|t|	均值下限 95％均值的置信限	均值上限 95％均值的置信限
8	1.213	0.580	2.09	0.0749	－0.159	2.584

【结果解释】

　　t 检验结果，t＝2.09，Pr＝0.0749＞0.05，接受 H0，说明新引入品种的千粒重与当地良种千粒重没有显著差异。

　　在输出结果中，平均数为 1.213 是指 8 个小区的千粒重 y 与良种千粒重平均数 $\mu 0＝34$ 差值的平均数；实得结果由误差造成的概率值为 0.0749，大于常用的显著水平（$\alpha＝0.05$），接受 H0，说明新引入品种的千粒重与当地良种千粒重没有显著差异。

　　在 SAS 软件的统计假设检验中，计算的是 t 值在 t 分布中位于两尾的概率，不是与 t_α 相比。然后把该概率 Pr 与显著水平 α 相比，如果概率 Pr＞α，则接受 H0，差异不显著；如果概率 Pr≤α，则否定 H0，接受 HA，差异显著。

　　2. PROC SUMMARY 过程

【SAS 程序】

```
data ex41；
input y @@；
y＝y－34.0；
cards；
35.6　37.6　33.4　35.1　32.7　36.8　35.9　34.6
；
proc summary print；var y；
output t＝t prt＝p mean＝md std＝sd stderr＝msd；
proc print；run；
```

【程序说明】

proc summary 语句后必须调用"print"是为了统计数的输出,或者这是 summary 过程固定格式编程方法。

output 语句指定输出 t 值、实得概率值、平均数、标准差和平均数标准误。

proc print 语句的作用是打印结果。

【结果显示】

SAS 系统

SUMMARY 过程

分析变量:y

N	均值	标准偏差	最小值	最大值
8	1.2125000	1.6400675	−1.3000000	3.6000000

Obs	_TYPE_	_FREQ_	t	p	md	sd	msd
1	0	8	2.09105	0.074854	1.2125	1.64007	0.57985

【结果解释】

(1)显示基本统计数据:样本容量、平均数、标准差、最小值和最大值。

(2)t 检验结果。

3. PROC UNIVARIATE 过程

【SAS 程序】

```
data ex41;input y @@;
y＝y－34.0;
cards;
35.6  37.6  33.4  35.1  32.7  36.8  35.9  34.6
;
proc univariate; var y; run;
```

【程序说明】

proc univariate 语句后面未指出具体的选项,其固定给出正态分布统计数。

【结果显示】

SAS 系统

UNIVARIATE 过程

变量:y

矩

N	8	权重总和	8
均值	1.2125	观测总和	9.7
标准偏差	1.64006751	方差	2.68982143
偏度	−0.1750017	峰度	−0.6411801
未校平方和	30.59	校正平方和	18.82875
变异系数	135.2633	标准误差均值	0.57985143

基本统计测度

位置		变异性	
均值	1.212500	标准偏差	1.64007
中位数	1.350000	方差	2.68982
众数	—	极差	4.90000
四分位极差	2.35000		

位置检验:Mu0＝0

检验	-------统计量-------		------------P 值------------	
学生 t	t	2.091053	Pr＞|t|	0.0749
符号	M	2	Pr＞＝|M|	0.2891
符号秩	S	12.5	Pr＞＝|S|	0.0859

分位数(定义 5)

分位数	估计值
100%最大值	3.60
99%	3.60
95%	3.60
90%	3.60
75% Q3	2.35
50%中位数	1.35
25% Q1	0.00
10%	－1.30
5%	－1.30
1%	－1.30
0%最小值	－1.30

极值观测

------最小值------		-----最大值-----	
值	观测	值	观测
－1.3	5	1.1	4
－0.6	3	1.6	1
0.6	8	1.9	7
1.1	4	2.8	6
1.6	1	3.6	2

【结果解释】

proc univariate 语句分析给出了 5 个方面的统计量,信息量大,每个方面的具体内容与第三章一致。对于统计假设检验而言,只有第 3 项结果中的学生 t 检验可以利用。

4. PROC TTEST 过程

例 2. 从 A 养猪场随机抽测 10 头约克夏母猪的体重如程序中,已知该品种母猪体重总体平均数 $\mu0＝130$ kg,试检验 A 养猪场约克夏母猪的平均体重与已知总体平均数是否有显著差异。

【SAS 程序】

```
data 12;
input x @@;
y＝x－130;
cards;
121  127  103  132  157  133  130  139  140  136
;
PROC TTEST；var y；run;
```

【程序说明】

DATA 指明数据集名称为 12，x 为 10 头母猪原始体重的变量。

y 为原始体重与已知总体平均数差值的变量。它是 var 所界定的变量，所以输出结果不再是原始数据的统计值。

PROC TTEST：调用 TTEST 语句进行统计假设检验。

var y：对变量 y 进行统计假设检验。

【结果显示】

SAS 系统

T-Test

Variable	DF	tValue	Pr＞|t|
y	9	0.41	0.6923

【结果解释】

t 检验结果：t＝0.41，概率 Pr＝0.6923＞0.05，接受 H0，说明 A 养猪场约克夏母猪的平均体重与已知总体平均数没有显著差异。

二、成对设计资料两平均数间比较的统计假设检验的 SAS 编程

成对设计资料两个平均数间比较的统计假设检验在 SAS 系统中可用 MEANS、SUM-MARY、UNIVARIATE 和 TTEST 过程格式和语句来进行。

例 3. 选生长期、发育进度、植株大小和其他方面皆比较一致的两株番茄构成一组，共得 7 组，每组中随机一株接种 A 处理病毒，另一株接种 B 处理病毒，以研究不同处理方法的钝化病毒效果，表 4.1 结果为病毒在番茄上产生的病痕数目，试检验两种处理方法的差异显著性。

表 4.1　A、B 两法处理的病毒在番茄上产生的病痕数目

组别	y1(A法)	y2(B法)	d(差数)
1	10	25	－15
2	13	12	1
3	8	14	－6
4	3	15	－12
5	5	12	－7
6	20	27	－7
7	6	18	－12

1. PROC MEANS 过程

【SAS 程序】

```
Data ex42；
input y1 y2 @@；
d＝y1－y2；
cards；
10  25  13  12  8  14  3  15  5  12  20  27  6  18
；
Proc means n mean stderr t prt clm；var d；run；
```

【程序说明】

Input y1 y2 @@采用横向输入方法成对输入 y1,y2 的各对数值。

d＝y1－y2 在 SAS 系统中是分析每一对数据的差值,因此产生一个差值 d 的分析变量。

Proc means 语句后面的选项是指定计算基本统计数据,包括样本容量 n、差值平均数 d、差值平均数标准误 s_d、t 值、概率(指实得结果由误差造成的概率)和总体差值均值 μd 的 95%置信度置信区间的下限和上限。

var d 语句指定对 d 变量进行分析,d 变量是差数。如果该语句没有,则 SAS 系统自动对 y1、y2、d 进行分析。

【结果显示】

SAS 系统

MEANS 过程

分析变量:d

N	均值	标准误差	t 值	Pr＞|t|	均值下限 95% 均值的置信限	均值上限 95% 均值的置信限
7	－8.2857143	1.9965957	－4.15	0.0060	－13.1712081	－3.4002205

【结果解释】

t 检验结果:t＝－4.15,概率 Pr＝0.0060＜0.01,否定 H0,接受 HA,即两种处理方法的钝化病毒效果有极显著差异。

2. PROC SUMMARY 过程

【SAS 程序】

```
Data ex42；
input y1 y2 @@；
d＝y1－y；
cards；
10  25  13  12  8  14  3  15  5  12  20  27  6  18
；
Proc summary；var d；
output t＝t prt＝p mean＝md std＝sd stderr＝msd；proc print；run；
```

【程序说明】

output 语句指定输出 t 值、实得概率值、平均数、标准差和平均数标准误。

proc print 语句的作用是打印结果。

【结果显示】

由于篇幅所限,在以后的例题中只打印主要结果并进行解释。

SAS 系统

Obs	TYPE_	FREQ_	t	p	md	sd	msd
1	0	7	−4.14992	.006011621	−8.28571	5.28250	1.99660

【结果解释】

本例过程步的 Proc summary 语句后面没有调用"print",则一般的统计数就不输出,只输出所指定的统计数。

3. PROC UNIVARIATE 过程

【SAS 程序】

```
data ex42;
input y1 y2 @@;
d=y1−y2;
cards;
10  25  13  12  8  14  3  15  5  12  20  27  6  18
;
Proc univariate noprint;var d;
Output t=t prt=p mean=md std=sd stderr=msd;proc print;run;
```

【程序说明】

Proc univariate 语句后面的"noprint"指明不需要输出正态分布统计数。

Output 语句要求只输出指定的统计数。

【结果显示】

SAS 系统

Obs	md	sd	msd	t	p
1	−8.28571	5.28250	1.99660	−4.14992	.006011621

【结果解释】

调用 3 种过程格式和语句用于成对设计资料的统计假设检验,结果是一致的。

4. PROC TTEST 过程

【SAS 程序】

```
data ex42;
input y1 y2 @@;
d=y1−y2;cards;
10  25  13  12  8  14  3  15  5  12  20  27  6  18
;
Proc ttest;var d;run;
```

【程序说明】

Proc ttest;调用 ttest 语句进行统计假设检验。

var d 对变量 d 进行统计假设检验。

【结果显示】

SAS 系统

T-Tests

Variable	DF	tValue	Pr>|t|d
d	6	−4.15	0.0060

【结果解释】

调用 4 种过程格式和语句用于成对设计资料的统计假设检验,结果是一致的。

例 4. 11 只 60 日龄的雄鼠在 X 射线照射前(x1)后(x2)的体重如表 4.2 所列,试检验其照射前后体重差异是否显著?

表 4.2 雄鼠在 X 射线照射前后的体重 g

x1	25.7	24.4	21.1	25.2	26.4	23.8	21.5	22.9	23.1	25.1	29.5
x2	22.5	23.2	20.6	23.4	25.4	20.4	20.6	21.9	22.6	23.5	24.3

PROC MEANS 过程(本例只介绍该过程)

【SAS 程序】

```
data abc1;
input x1 x2 @@;
d＝x1－x2;
cards;
25.7  22.5  24.4  23.2  21.1  20.6  25.2  23.4  26.4  25.4  23.8
20.4  21.5  20.6  22.9  21.9  23.1  22.6  25.1  23.5  29.5  24.3
;
proc means n mean stderr t prt clm;
var d;
run;
```

【程序说明】

input x1 x2 @@采用横向输入方法成对输入 x1 x2 的各对数值。

d＝x1－x2;在 SAS 系统中是分析每一对数据的差值,因此产生一个差值 d 的分析变量。

proc means 语句指定计算基本统计数据,包括样本容量 n、差值平均数 $\bar{d}$、差值平均数标准误 $s\bar{d}$、t 值、概率(实际结果由误差造成的概率)和总体差值均值 μd 95％置信度置信区间的下限和上限。

var d 语句指定对 d 变量进行分析,d 变量是差数。如果该语句没有,则 SAS 系统自动对 x1、x2、d 进行分析。

【结果显示】

SAS 系统

MEANS 过程

分析变量:d

N	均值	标准误差	t 值	Pr>|t|	均值下限 95% 均值的置信限	均值上限 95% 均值的置信限
11	1.8454545	0.4464738	4.1334	0.0020	0.8506490	2.8402601

【结果解释】

t 检验结果:其中 t=4.1334,Pr=0.0020<0.01,否定 H0,接受 HA,表明 X 射线照射前后雄鼠体重有极为显著的差异。

从 means 过程中的平均数(Mean)可以看出,照射前的体重明显高于照射后的体重,从差值的平均数(md)可得出同样的结论。

三、成组数据资料两平均数相比较的统计假设检验

成组设计资料两个平均数相比较的统计假设检验在 SAS 系统中只可以用 TTEST 的过程格式和语句来进行。

1. 各组观察值数目相等的成组设计资料两平均数相比较的统计假设检验

例 5. 随机调查某农场每亩 30 万苗和 35 万苗的稻田各 5 块,得亩产量(kg)列于表 4.3 中,试测验两种密度亩产量的差异显著性。

表 4.3　两种密度的稻田亩产量　　　　　　　　　　　　　　　　　　　　　kg

密度(t)	观察值(n)				
30 万(y1)	400	420	435	460	425
35 万(y2)	450	440	445	445	420

在 SAS 软件中,成组数据资料基本是采用双循环输入的方法输入数据(也有单循环)。循环输入方法在 SAS 系统中是非常重要的数据输入方法。

双循环输入方法:利用 do 和 end 产生循环体,do 指明那个循环体的开始和水平数,end 为该循环体的结束语句。先输入第一个循环体的第一个水平与第二个循环体的所有水平的组合值,再输入第一个循环体的第二个水平与第二个循环体的所有水平的组合值,依此类推。

本例为双循环输入法:第一个循环体为处理 t;第二个循环体为重复数 n。

【SAS 程序】

```
data ex43;
do t=1 to 2;
do n=1 to 5;
input y @@;
output;end;end;
cards;
400  420  435  460  425
450  440  445  445  420
;
Proc ttest;class t;var y;run;
```

【程序说明】

在数据步中,采用双循环输入法:第 2~7 句为循环语句,在 do 后面直到 end 语句之前,这些语句作为一个单元执行。do 和 end 语句之间的这些语句称为一个 do 组。任意多个 do 组能够被嵌套,本例使用两套循环。在 do 语句里规定外层、内层的变量分别为 t(组)、n(样本容量),它的值控制了该语句被重复执行的次数。output 语句用于输出一组观察值,它表明一条

记录的结束。

在过程步中,class 语句一定要设定,用于指明分组变量,本例分组变量是 t。var 语句指明对 y 变量进行分析。

【结果显示】

各个例题只打印主要结果。

SAS 系统

The TTEST Procedure

(1)Statistics 基本统计量

Variable	t	N	下限 Lower CL Mean	Mean	上限 Upper CL Mean	Std Dev	下限 Lower CL Std Dev	上限 Upper CL Std Dev	Std Err	Minimum	Maximum
y	1	5	400.73	428	455.27	13.16	21.966	63.12	9.8234	400	460
y	2	5	425.44	440	454.56	7.0255	11.726	33.695	5.244	420	450
y	Diff (1-2)		-37.68	-12	13.679	11.893	17.607	33.731	11.136		

(2)T-test t 检验

Variable	Method	Variances	DF	t Value	Pr>|t|
y	Pooled	Equal	8	-1.08	0.3126
y	Satterthwaite	Unequal	6.11	-1.08	0.3219

(3)Equality of Variances 方差同质性测验

Variable	Method	Num DF	Den DF	F Value	Pr>F
y	Folded F	4	4	3.51	0.2515

【结果解释】

分析结果输出三个方面的内容。

(1)基本统计数据　容量、平均数 Mean 及 95% 置信度的上下限、标准差 Std Dev 及 95% 置信度的上下限、平均数标准误。

Diff(1-2)　-37.68　-12　13.679 的含义是:$(y_1-y_2)=-12$,利用$(y_1-y_2)=-12$估计两总体均值差值$(\mu_1-\mu_2)$95% 置信度置信区间的下限和上限。

(2)t 检验结果　$t=-1.08$,$Pr=0.3126>0.05$,接受 H0,说明两种密度亩产量没有显著差异。

(3)方差同质性测验　Pr>F 为 F 值在 F 分布中右尾的概率,在 F 检验中直接把概率 Pr 与显著水平 α 相比,如果 $Pr>\alpha$,则接受 H0;如果 $Pr\leqslant\alpha$,则否定 H0。

如果接受了 H0,则 Variances Equal 在上面的 t 检验中就选择第一种 Pooled 方法的检验结果进行解释。

如果否定了 H0,接受了 HA,则 Variances Unequal,就选择第二种 Satterthwaite 方法的测验结果进行解释。

本例 $F=3.51$,$Pr=0.2515>0.05$,说明两处理的方差同质,即接受 H0:$\sigma_1^2=\sigma_2^2$(Variances Equal),所以在 t 检验中选择 pooled 方法测验的结果进行分析。

2. 各组观察值数目不等

例 6. 研究矮壮素使玉米矮化的效果,在抽穗期测定喷矮壮素小区 8 株、不喷矮壮素小区

9株,其高度结果列于表4.4中,试检验两处理植株高度的差异显著性。

表4.4 喷矮壮素与否的玉米高度 cm

处理	观察值							
喷矮壮素(y1)	160	160	200	160	200	170	150	210	
不喷矮壮素(y2)	170	270	180	250	270	290	270	230	170

本例采用双循环输入法 t 为处理,n 为最大的重复数,哪个组少几个数据就用几个实心的点".”代替。

【SAS 程序】

```
data x44;
do t=1 to 2;
do n=1 to 9;
input y @@;
output;end;end;
cards;
160  160  200  160  200  170  150  210  .
170  270  180  250  270  290  270  230  170
;
proc ttest;class t;var y;run;
```

【程序说明】

在数据步中,采用双循环输入法:第2~7句为循环语句,在 do 后面直到 end 语句之前,这些语句作为一个单元执行。do 和 end 语句之间的这些语句称为一个 do 组。任意多个 do 组能够被嵌套,本例使用两套循环。在 do 语句里规定外层、内层的变量分别为 t(组)、n(样本容量),它的值控制了该语句被重复执行的次数。第一组只有 8 个值,用一个实心的点".”代替,使 n=9。第3~6语句构成循环结构,其中 output 语句把观察值输入到数据集 ex44 中,按分组资料组成数据集。

在过程步中,class 语句用于指明分组变量,本例分组变量是 t。var y 语句指明分析的变量 y。

【结果显示】

(英文版运行的结果)

(1)The TTEST Procedure

Statistics 基本统计量

Variable	N	Lower CL Mean	Mean	Upper CL Mean	Lower CL Std Dev	Std Dev	Upper CL Std Dev	Std Err
t1	8	156.8	176.25	195.7	15.38	23.261	47.342	8.224y
t2	9	196.47	233.33	270.2	32.394	47.958	91.877	15.986
Diff	(1−2)	−96.92	−57.08	−17.25	28.411	38.46	59.524	18.688

（2）T-test t 检验

Variable	Method	Variances	DF	t Value	Pr>|t|
y	Pooled	Equal	15	−3.05	0.0080
y	Satterthwaite	Unequal	11.8	−3.18	0.0081

（3）Equality of Variances 方差同质性测验

Variable	Method	Num DF	Den DF	F Value	Pr>F
y	Folded F	8	7	4.25	0.0721

【结果解释】

分析结果输出格式与前论述的相同，3 个方面分别为：

(1)基本统计数。

(2)t 检验结果。$t=-3.05$，$Pr=0.0080<0.01$，否定 H0，接受 HA：玉米喷矮壮素后，其株高与不喷的株高有极显著差异。

(3)方差同质性测验。本例 $F=4.25$，$Pr=0.0721$，概率大于 0.05，说明两处理的方差同质，即接受 $H0: \sigma_1^2 = \sigma_2^2$（Variances Equal），所以在 t 检验中选择 pooled 方法测验的结果进行分析。

例 7. 调查甲、乙两地某品种成年母水牛的体高(cm)如下表所示，试检验两地该品种母水牛体高是否有显著差异？

甲	137	133	136	129	133	130	131
乙	136	134	130	126	129	122	

本例为成组资料，第一个样本（甲地）含量 $n=7$，第二个样本（乙地）含量 $n=6$，可调用 TTEST 过程进行 t 检验。

【SAS 程序】

【双循环输入法】

本例使用两套循环。在 do 语句里规定外层、内层的变量分别为 t(组)、n(样本容量)，它的值控制了该语句被重复执行的次数。

本例采用 t 为处理，n 为最大的重复数，在数据输入时，哪个组少几个数据就用几个实心的点"."代替。

```
data st1;
do t=1 to 2;
do n=1 to 7;
input x @@;
output;
end;
end;
cards;
137  133  136  129  133  130  131
136  134  130  126  129  122  .
;
```

```
proc ttest;
class t;
var x;
run;
```

在数据步中,采用双循环输入法:第2~7句为循环语句,在do后面直到end语句之前这些语句作为一个单元执行。do和end语句之间的这些语句称为一个do组。任意多个do组能够被嵌套。

【单循环输入法】

```
data st2;
input t $ n;
do i=1 to n;
input x @@;
output;
end;
cards;
g1 7
137    133    136    129    133    130    131
g2 6
136    134    130    126    129    122
;
proc ttest;
class t;
var x;
run;
```

【程序说明】

第一个input语句指明输入字符型($)变量g和数字型变量n;第二个input语句指明输入观察值的变量x。

do语句和end语句构成循环结构,对于gi,i取1~7,循环7次,把变量x的头7个观察值读给g1变量;对于g2,i取1~6,循环6次,把x变量的后6个观察值读给g2变量。

output语句输出一个观察值,表明一条记录的结束。

proc语句指明调用ttest过程。

class语句定义数据文件的分组,本例按地区(g)分成两组。

【结果显示】

(1)The TTEST Procedure

Statistics

Variable	g	N	----Lower CL Mean	Mean	Upper CL---- Mean	Std Dev	-----------Lower CL Std Dev	Upper CL--------- Std Dev	Std Err
x	g1	7	129.95	132.71	135.47	1.9229	2.9841	6.5712	1.1279
x	g2	6	124.12	129.5	134.88	3.2012	5.1284	12.578	2.0936
x	Diff(1-2)		−1.806	3.2143	8.235	2.9046	4.1002	6.9616	2.2811

（2）T-test

t 检验

Variable	Method	Variances	DF	t Value	Pr>|t|
x	Pooled	Equal	11	1.41	0.1865
x	Satterthwaite	Unequal	7.78	1.35	0.2145

t 检验结果，t＝1.41，Pr＝0.1865＞0.05，接受 H0，说明两地该品种成年母水牛的体高无明显差异。

（3）Equality of Variances

方差同质性测验

Variable	Method	Num DF	Den DF	F Value	Pr>F
x	Folded F	5	6	2.95	0.2199

本例 F＝2.95，Pr＝0.2199＞0.05，说明两处理的方差同质，即接受 H0：$\sigma_1^2＝\sigma_2^2$（Variances Equal），所以在 t 检验中选择 pooled 方法测验的结果进行分析。

【结果分析】

输出结果有 3 个报表。

（1）基本统计数据：容量、平均数 Mean 及 95％置信度的上下限、标准差 Std De 及 95％置信度的上下限、平均数标准误。

（2）给出两样本方差相等（Equal）时和不等（Unequal）时的两种 t 检验的方法。

当方差相等时，用一般的合并方差（Pooled）的 t 检验法，$t＝|\bar{x}1－\bar{x}2|/S\bar{x}1－\bar{x}2$，$t＝3.2143/2.2811＝1.41$；

当方差不等时，用萨特思韦特（Satterthwaite）法，$t＝|\bar{x}1－\bar{x}2|/(W1－W2)^{1/2}$，$t＝(132.71－129.5)/(1.1279^2＋2.0936^2)^{1/2}＝1.35$，其中 W_1、W_2 分别为两个样本标准误的平方，自由度的计算：$DF＝(W_1＋W_2)^2/[W_1^2/(n_1－1)＋W_2^2/(n_2－1)]＝7.78$。据 DF 查 t 表，做出统计推断。

（3）方差同质性测验。列出两个样本方差的齐性（或称同质性）检验，用折选法计算 F 值及其概率，查 F 值表做出统计推断。

本例 F＝2.95，检验结果表明，两样本的方差是同质的（P＞0.05），故 t 检验应选方差相等的 t 检验法，即 t＝1.41，P＞0.05，表明两地该品种成年母水牛的体高无明显差异。

【综合分析】

首先，查看（3）方差同质性检验的结果，本例 F＝2.95，Pr＝0.2199＞0.05，说明两处理的方差同质，即接受 H0：$\sigma_1^2＝\sigma_2^2$（Variances Equal），所以在 t 检验中选择 Pooled 方法测验的结果进行分析。

其次，进行 t 检验结果分析。

Pooled 方法： t＝1.41，Pr＝0.1865＞0.05，接受 H0，说明两地该品种成年母水牛的体高无明显差异。

事实上，两种 t 检验的分析结果均表明两地该品种成年母水牛的体高无明显差异。

习 题

1. 用于统计假设检验的 SAS 过程有哪几个？它们各用于哪种资料类型的统计假设检验？

2. 如何根据分析结果中的概率 Pr 判断是否接受 H0？

3. 解释循环输入方法的内容。

4. 对桃树含氮量测定 10 次,得到的结果(%)为:2.38、2.38、2.41、2.50、2.47、2.41、2.38、2.26、2.32、2.41,显著水平 $\alpha=0.01$,检验 H0: $\mu=2.50$,HA: $\mu\neq2.50$(单个样本平均数的统计假设检验,maxdec=2)。

5. 在(成组数据)从前喷洒过有机砷杀雄剂的麦田中随机取 4 个植株,各测定砷残留量得:7.5 mg、9.7 mg、6.8 mg 和 6.4 mg,又测定对照田的 3 株样本,得砷残留量为:4.2 mg、7.0 mg 和 4.6 mg,问两种麦田的有机砷的平均残留量是否存在显著差异？显著水平 $\alpha=0.05$。

(1)两尾检验 HA: $\mu1=\mu2$,HA: $\mu1\neq\mu2$。

(2)按一尾测验进行解释,并写出假设的形式。

(3)(1)和(2)测验的结果有何不同？为什么？

6. 采用配对设计,选面积为 300 m² 的玉米小区 10 个,各分成两半,随机一半去雄另一半不去雄,得产量(kg)为:

去雄:28、30、31、35、30、32、30、28、34、32

不去雄:29、28、29、32、31、29、28、27、32、27

(1)问去雄和不去雄的玉米的小区平均产量差异是否显著？显著水平 $\alpha=0.05$,用成对比较法测验 H0: $\mu d=0$,HA: $\mu d\neq0$。(成对数据两平均数间比较的统计假设检验,maxdec=2)。

(2)按成组数据两平均数间比较的统计假设检验两尾检验 H0: $\mu1=\mu2$,HA: $\mu1\neq\mu2$。

(3)(1)和(2)测验的结果有何不同？为什么？

7. 从某养殖场随机抽测了 10 只兔的直肠温度,其数据为:38.7、39.0、38.9、39.6、39.1、39.8、38.5、39.7、39.2、38.4(℃),已知该品种兔直肠温度的总体平均数 $\mu0=39.5$(℃),试检验该养殖场兔的总体平均温度与 $\mu0$ 是否存在显著差异？

8. 某猪场从 10 窝大白猪的仔猪中每窝抽出性别相同、体重接近的仔猪 2 头,将每窝两头仔猪随机地分配到两个饲料组,进行饲料对比试验,试验时间为 30 d,增重结果见下表,试检验两种饲料喂饲的仔猪平均增重差异是否显著？

kg

窝号	1	2	3	4	5	6	7	8	9	10
饲料 I	10.0	11.2	12.1	10.5	11.1	9.8	10.8	12.5	12.0	9.9
饲料 II	9.5	10.5	11.8	9.5	12.0	8.8	9.7	11.2	11.0	9.0

9. 分别测定了 10 只大耳白家兔、11 只青紫蓝家兔在停食 18 h 后正常血糖值如下表,问两个品种家兔的正常血糖值是否有显著差异？

kg

大耳白	57	120	101	137	119	117	104	73	53	68	
青紫蓝	89	36	82	50	39	32	57	82	96	31	88

第五章
方差分析的SAS过程

方差分析(多个样本平均数相比较的统计假设检验)是方差的同质性测验,也可以理解为方差的显著性测验,主要用于同时检验多个平均数的差异显著性,因此在科学试验研究的统计分析中有着非常重要的用途。本章着重介绍在 SAS 系统中如何应用 ANOVA 和 GLM 过程对不同试验资料的数据进行方差分析。

第一节　方差分析的 SAS 过程格式和语句功能

一、ANOVA 过程的格式及语句功能

ANOVA 过程的格式及语句功能(适宜平衡资料,即各处理的重复数 n 相同的资料)。

PROC ANOVA 语句的选项串:

以下是在方差分析过程中常用的一些语句及其功能,其中 CLASS 和 MODEL 两个语句是必须的。

CLASS 变量名称串:指明自变量或分组变量,自变量可以是数值的或文字的;

MODEL 依变量名称串=效应名称串/选项串:定义分析所用的线性数学模型或指明要分析的效应因素的变量名称串;

MEANS 效应名称串/选项串:指明要进行多重比较的因素的名称串/多重比较方法的选项串等;

FREQ 变量名称指明该变量值为各观察值重复出现的次数;

TEST H=效应名称,E=效应名称:指定 F 检验的分子与分母,H=分子,E=分母;

MANOVA H=效应名称,E=效应名称,M=变量的转换名称,PREFLX=新变量的名称代号,MNAMES=新变量的名称串/选项串;

BY 变量名称串:用于指明分组变量,但事先要对数据集按分组变量对数据由小到大排列,该步骤可由 PROC SORT 达成。

应注意的是,①CLASS 指令必须出现在 MODEL 之前,TEST、MANOVA 必须出现在 MODEL 之后。②实验效应常用的有下面三种:

modely＝A B C 是分析 A、B、C 三因素的主效应;

modely＝A＊B　A＊C　B＊C 是分析 A、B、C 三因素间的互作效应;

$modely=[A*B(C),(A)B*C,(B)C*A]$分析 A、B、C 三因素间的嵌套效应。

二、GLM 过程的格式及语句功能

GLM 过程的格式及语句功能(既适宜平衡资料,又适宜非平衡试验资料,即各处理的重复数 n_i 不相同的资料)。

PROC GLM 语句的选项串。以下是在方差分析过程中常用的一些语句及其功能,其中 CLASS 和 MODEL 两个语句是必须的:

CLASS 变量名称串:指明自变量或分组变量,自变量可以是数值的或文字的;

MODEL 依变量名称串=效应名称串/选项串:定义分析所用的线性数学模型或指明要分析的效应因素的变量名称串;

MEANS 效应名称串/选项串:指明要进行多重比较的因素的名称串/多重比较方法的选项串等;

CONTRAST"比较式的名称"名组效应系数据/选项串:用于对比检验;

ESTIMATE"估计值的名称"名组效应系数据/选项串:用于检验参数线性组合;

LSMEANS 效应名称串/选项串:用于计算依据最小平方法所得的平均数;

MANOVA H=效应名称,E=效应名称,M=变量的转换名称,PREFLX=新变量的名称代号,MNAMES=新变量的名称串/选项串;

OUTPUT OUT=输出文件名称,关键字=变量串;

RANDOM 效应名称串/选项串:指定模型中的随机效应;

TEST H=效应名称,E=效应名称:指定 F 检验的分子与分母,H=分子,E=分母;

FREQ 变量名称:指明该变量值为各观察值重复出现的次数;

BY 变量名称串:指明分组变量,但事先要对数据集按分组变量对数据由小到大排列,该步骤可由 PROC SORT 达成。

第二节　单因素试验资料方差分析的 SAS 编程

一、各组观察值数目相等的单向分组资料

各组观察值数目相等的单向分组资料(平衡资料,即各处理的重复数 n 相同的资料)。

例 1. 有一水稻施肥盆栽试验,设 5 个处理,A 和 B 系分别施用两种不同工艺流程的氨水,C 施碳酸氢铵,D 施尿素,E 不施肥。每处理 4 盆(施肥处理的施肥量:每盆皆为折合纯氮 1.2 g),共 $5 \times 4 = 20$ 盆,随机放置于同一网室,其完全随机设计的设计图如下,其稻谷产量(g/盆)列于表 5.1,试测验各处理平均数的差异显著性。

B27	D32	A24	E21	C31
D33	A30	C28	B24	E22
C25	B21	E16	D33	A28
A26	E21	D28	C30	B26

表 5.1   水稻施肥盆栽试验的产量结果（单向分组）   g/盆

处理(t)	观察值(n)			
A（氨水 1）	24	30	28	26
B（氨水 2）	27	24	21	26
C（碳酸氢铵）	31	28	25	30
D（尿素）	32	33	33	28
E（不施氮肥）	21	22	16	21

本例采用双循环输入法：第一个循环体为处理 t＝5，第二个循环体为重复数 r＝4。先输入第一个循环体的第一个水平与第二个循环体的所有水平的组合值，再输入第一个循环体的第二个水平与第二个循环体的所有水平的组合值，依此类推。

【SAS 程序】

```
data ex51；
do t＝1 to 5；
do r＝1 to 4；
input y @@；
output；end；end；
cards；
24  30  28  26  27  24  21  26  31  28
25  30  32  33  33  28  21  22  16  21
；
proc anova；
class t；model y＝t；means t/duncan；run；
```

【程序说明】

在数据步中，第 2～7 句使用两套循环进行数据输入。

在过程步中，proc anova 语句表明为方差分析过程。

class 语句指明分组变量，应出现在 model 语句之前。

model 语句用于定义分析时用单向分组资料（肥料）的线性数学模型进行，y＝t 说明除分析误差效应外，只分析处理 t 这一个因素的效应。

means 语句用于计算处理 t 的各个水平的效应平均数，并在'/'号后设定多重比较的方法。［常用的多重比较方法有 LSD 方法、duncan 方法或 SSR 方法以及 snk 或 q 方法。本例是新复极差测验 SSR 法（duncan）］。多重比较显著水平的确定采用 alpha＝设定，例如，alpha＝0.01，缺省时内设为 alpha＝0.05（本例缺省）。

【结果显示】

三项结果：分组水平信息、方差分析表和多重比较。

下面是 SAS 9.0 版运行的结果：

（1）The ANOVA Procedure

Class Level Information 分组水平信息

Class   Levels   Values

t   5   1 2 3 4 5

Number of observations　　20

（2）The ANOVA Procedure 方差分析表

Dependent Variable：y

Model 定义所有因素综合效应方差分析表

变异来源 Source	自由度 DF	平方和 Sum of Squares	均方（方差） Mean Square	F 值 F Value	F 值在 F 分布中右尾的概率 Pr>F
Model	4	301.2000000	75.3000000	11.18	0.0002
Error	15	101.0000000	6.7333333		
Corrected Total	19	402.2000000			

方差分析表明，F＝11.18，Pr＝0.0002＜0.01，Model 定义所有因素综合效应模型方差极显著大于误差方差，即处理或肥料种类间的效应差异极显著。

（在 F 测验中直接把概率 Pr 与显著水平 α 相比，如果 Pr＞α，则接受 H0：$\sigma_1^2 = \sigma_2^2$；如果 Pr≤α，则否定 H0：$\sigma_1^2 = \sigma_2^2$）

决定系数 R-Square	y 的变异系数 Coeff Var	误差标准差 Root MSE	y 的均值 y Mean
0.748881	9.866413	2.594867	26.30000

A Model 定义各个因素效应模型方差分析表

Source	DF	Anova SS	Mean Square	F Value	Pr>F
t	4	301.200000	75.3000000	11.18	0.0002

（3）The ANOVA Procedure 多重比较标准

Duncan's Multiple Range Test for y

Alpha	0.05			
Error Degrees of Freedom	15			
Error Mean Square	6.733333			
Number of Means（P）	2	3	4	5
Critical Range　（LSR$_{0.05}$）	3.911	4.100	4.217	4.297

多重比较结果

Means with the same letter are not significantly different

Duncan Grouping			Mean	N	t
		A	31.500	4	4(D)
	B	A	28.500	4	3(C)
	B		27.000	4	1(A)
	B		24.500	4	2(B)
		C	20.000	4	5(E)

多重比较表明，施用氮肥（A、B、C 和 D）与不施用氮肥有显著差异；尿素与碳酸氢铵处理间无显著差异；碳酸氢铵与氨水 1、氨水 2 处理间也无显著差异。

【结果解释】

分析结果输出以下 3 个方面：

（1）显示资料的分组（5 个肥料处理）信息。共有观察值个数为 20。

（2）方差分析表，其项目有变异来源（Source）、自由度（DF）、平方和（Sun of Squares）、均方（Mean Square）、F 值（F Value）及概率 P（Pr＞F）。总变异（Corrected Total）分解为整个处理效应（Model）的变异和误差项（Error）的变异。F 检验结果：F＝11.18，Pr＝0.0002，表明肥料处理间差异达到极显著水平。同时分别列出：肥料与产量的相关指数（R-Square），R^2＝处理效应平方和/总平方和＝301.20/402.0＝0.748881；误差项均方根 Root MSE（相当于方程估测误差），s_y＝$6.733333^{1/2}$＝2.594867；产量（y）的平均数，$\bar{y}$＝26.3；变异系数（Coeff Var），CV＝100％×s_y/$\bar{x}$＝100％×2.594867/26.3＝9.866413。

（3）多重比较，其项目有显著水平为 0.05、自由度＝15、误差均方＝6.73333、LSR 值（Critical Range）：P＝2(3.911)，P＝3(4.100)，P＝4(4.217)，P＝5(4.297)及标记字母法的差异显著性表。经测验结果表明，施用氮肥（A、B、C 和 D）与不施用氮肥有显著差异；尿素与碳酸氢铵处理间无显著差异；碳酸氢铵与氨水 1、氨水 2 处理间也无显著差异。

下面是 SAS 9.4 版运行的结果：

SAS 系统

ANOVA 过程

分类水平信息

分类	水平	值
t	5	1 2 3 4 5

读取的观测数 20

使用的观测数 20

SAS 系统

ANOVA 过程

因变量:y

源	自由度	平方和	均方	F 值	Pr＞F
模型	4	301.2000000	75.3000000	11.18	0.0002
误差	15	101.0000000	6.7333333		
校正合计	19	402.2000000			

R^2	变异系数	均方根误差	y 均值
0.748881	9.866413	2.594867	26.30000

源	自由度	Anova 平方和	均方	F 值	Pr＞F
t	4	301.2000000	75.3000000	11.18	0.0002

SAS 系统

ANOVA 过程

Duncan's Multiple Range Test for y

Note：This test controls the Type I comparisonwise error rate, not the experimentwise error rate.

Alpha	0.05
Error Degrees of Freedom	15
Error Mean Square	6.733333

Number of Means	2	3	4	5
Critical Range	3.911	4.100	4.217	4.297

具有相同字母的均值稍有不同(差异不显著)。

Duncan	分组	均值	N	t
	A	31.500	4	4
	A			
B	A	28.500	4	3
B				
B		27.000	4	1
B				
B		24.500	4	2
	C	20.000	4	5

以上两种版本的对比还是 SAS 9.0 版的结果比较容易理解。

例 2. 选用条件基本一致的小白鼠 30 只,随机分成 3 组,分别接种 11C、9D、DSL 3 种菌型的伤寒杆菌,观察接种后小白鼠的存活天数如下列程序数据行中,试比较 3 组小白鼠的存活天数有无显著差异?

这是一个单因素设计的资料,a 因素分 3 个水平,每个水平含 10 个观察值,拟用 ANOVA 过程分析,也可以采用 GLM 过程分析。

【SAS 程序】

```
Options nodate nonumber;
Data la;
do a＝1 to 3;
do i＝1 to 10;
input y @@;output;
end;end;
cards;
5 5 6 7 8 8 5 5 7 10
2 4 3 2 4 7 7 2 5 4
5 6 7 7 12 13 11 7 8 9
;
Proc format;
value trtf1＝'11C'2＝'9D'3＝'DSL';
proc anova;
format atrtf. ;
class a;model y＝a;
means a/duncan;means a/Duncan alpha＝0.01;
means a;
run;
```

【程序说明】

在数据步中，有两个循环体，外循环 a 取值 1、2、3，循环 3 次（为 a 的水平数），内循环 i 取值 1～10，循环 10 次（为各水平内观察值个数），所以整个大循环共读入观察值变量 y（依变量）的 30 个数据。

在过程步中，format 语句用于设定变量格式。

value 语句定义格式名 trtf，当某变量使用 trtf. 格式时，该变量若取值 1、2、3，将分别用格式中定义的 11C、9D、DSL 表示。其语句为 format 变量名格式名，本例为 format atrtf.；即指定 a 的输出格式，输出时将 a 的取值 1、2、3，分别用 11C、9D、DSL 代替。设定格式和输出格式的存在与否不影响分析结果，仅仅是为了解释结果的方便而已。

class 语句指明分类或分组变量 a。

model 语句定义单项分组资料的线性数学模型。

means 语句前两个指定计算处理平均数，并用邓肯新复极差法（SSR 法）进行 0.05 及 0.01 显著水平下的多重比较。后一个 means 语句指定输出各处理的平均数、标准差。

【结果显示】

(1)The ANOVA Procedure

Class Level Information 分组水平信息

Class	Levels	Values		
a	3	11C	9D	DSL

Number of observations 30

(2)The ANOVA Procedure 方差分析表

Dependent Variable：y

Model 定义所有因素综合效应方差分析表

Source	DF	Sum of Squares	Mean Square	F Value	Pr>F
Model	2	102.0666667	51.0333333	11.21	0.0003
Error	27	122.9000000	4.5518519		
Corrected Total	29	224.9666667			

R-Square	Coeff Var	Root MSE	y Mean
0.453697	33.51058	2.133507	6.366667

Source	DF	Anova SS	Mean Square	F Value	Pr>F
a	2	102.066667	51.0333333	11.21	0.0003

(3)Duncan's Multiple Range Test for y 多重比较标准

Alpha	0.05		0.01	
Error Degrees of Freedom	27		27	
Error Mean Square	4.551852		4.551852	
Number of Means	2	3	2	3
Critical Range	1.958	2.057	2.644	2.757

Means with the same letter are not significantly different. 多重比较结果

| | 0.05 水平 | | | | 0.01 水平 | | |
Duncan Grouping	Mean	N	a	Duncan Grouping	Mean	N	a
A	8.500	10	DSL	A	8.500	10	DSL
A	6.600	10	11C	BA	6.600	10	11C
B	4.000	10	9D	B	4.000	10	9D

(4)Level of --------------------x----------------------

a	N	Mean	Std Dev
11C	10	6.6000000	1.71269768
9D	10	4.0000000	1.88561808
DSL	10	8.5000000	2.67706307

【结果解释】

(1)显示资料的分组(自变量)信息。a 有 3 个水平,取值为 11C、9D、DSL,观察值个数为 30。

(2)为方差分析表。项目包括变异来源(Source)、自由度(DF)、平方和(Sum of Squares)、均方(Mean Square)、F 值(F Value)及概率 Pr(Pr>F)。在变异来源中,模型变异(Model),即整个处理效应的总变异,误差项(Error)的变异以及总变异(Corrected Total)。因为只有一个 a 因素,因此其 a 间变异即为总效应的变异。F 检验结果(F=11.21,Pr=0.0003)表明,处理间差异达到极显著水平。a(自变量)与 y(依变量)间的相关指数(R-Square)为:R^2=模型平方和/总平方和=102.067/224.967=0.453697。Root MSE 为误差项均方根(相当于方程估测误差)s_y=4.5518521/2=2.133507。依变量(y)的平均数 y=6.366667,Coeff Var 为剔除处理效应后依变量的变异系数 CV=33.51058。

(3)为多重比较表,表中列有检验所用的显著水平、自由度、标准误及 LSR 值(Critical Range),并注明平均数前字母相同者为差异不显著,不同者为差异显著或极显著。经检验结果表明,9D 与 11C、DSL 两个菌型的毒性分别达到显著差异(P<0.05)和极显著差异(P<0.01),DSL 与 11C 之间的差异不明显(P>0.05)。

(4)列出各水平的样本含量、平均数及标准差。

二、各组观察值数目不等资料

各组观察值数目不等资料(非平衡试验资料,即各处理的重复数 ni 不相同的资料)。

例 3. 根据某病虫测报站,随机调查 4 种不同类型的水稻田 28 块,每块田所得稻纵卷叶螟的百丛虫口密度列于表 5.2,试问不同类型稻田的虫口密度是否有显著差异?

表 5.2　不同类型稻田稻纵卷叶螟的虫口密度

稻田类型	虫口密度数据							
	1	2	3	4	5	6	7	8
I	12	13	14	15	15	16	17	
II	14	10	11	13	14	11		

续表5.2

稻田	虫口密度数据							
类型	1	2	3	4	5	6	7	8
Ⅲ	9	2	10	11	12	13	12	11
Ⅳ	12	11	10	9	8	10	12	

【SAS 程序】

数据步 Ⅰ:单循环输入法

```
data ex52；
input a $ n；
do i＝1 to n；
input y @@；
output；
end；
cards；
a1 7
12 13 14 15 15 16 17
a2 6
14 10 11 13 14 11
a3 8
9 2 10 11 12 13 12 11
a4 7
12 11 10 9 8 10 12
；
proc glm；
class a；
model y＝a；
means a/snk；
run；
```

数据步 Ⅱ:双循环输入法

```
data ex52；
do a＝1 to 4；
do n＝1 to 8；
input y @@；
output；
end；
end；
cards；
12 13 14 15 15 16 17.
14 10 11 13 14 11. .
9 2 10 11 12 13 12 11
12 11 10 9 8 10 12.
；
```

【程序说明】

数据步 Ⅰ 和数据步 Ⅱ 是表示在数据步中采用两种不同方式输入数据,目的是比较不同语句的含义及表达方式。

在数据步 Ⅰ 中,用 input 语句指明输入字符型($)变量和数字型变量,字符型变量为稻田类型号,数字型变量为每种稻田类型内的容量。第 3～6 句构成循环结构,其中 output 语句是把观察值输入数据集 ex52,按稻田类型分组组成数据集。

在数据步 Ⅱ 中,用了两套循环语句,在 do 语句里规定外层、内层的变量分别为 a(稻田类型)、n(稻田类型内的容量),由于稻田类型内的容量不等,出现数据不平衡,故必须采用"."号代表缺省数据。output 语句用于观察值的输出。

两个数据步的过程步是相同的。在过程步中,第一句表明用"glm"语句进行方差分析;"snk"表示采用 q 法进行多重比较。

【结果显示】

(1) The SAS System

The GLM Procedure

Class Level Information 分组水平信息

Class	Levels	Values
a	4	a1 a2 a3 a4

Number of observations　28

(2) Model 定义所有因素综合效应方差分析表

The GLM Procedure 方差分析表

Dependent Variable:y

变异来源	自由度	平方和	均方(方差)	F 值	F 值在 F 分布中右尾的概率
Source	DF	Sum of Squares	Mean Square	F Value	Pr>F
Model	3	96.1309524	32.0436508	5.92	0.0036
Error	24	129.9761905	5.4156746		
Corrected Total	27	226.1071429			

方差分析表明,F=5.92,Pr=0.0036<0.01,Model 定义所有因素综合效应模型方差极显著大于误差方差,即不同类型稻田的虫口密度有极显著差异。

R-Square	Coeff Var	Root MSE	y Mean
0.425157	19.92675	2.327160	11.67857

A Model 定义各个因素效应模型方差分析表

Source	DF	Type I SS	Mean Square	F Value	Pr>F
a	3	96.13095238	32.04365079	5.92	0.0036

(3) The GLM Procedure 多重比较

Student-Newman-Keuls Test for y

Alpha	0.05
Error Degrees of Freedom	24
Error Mean Square	5.415675
Harmonic Mean of Cell Sizes	6.927835

NOTE：Cell sizes are not equal.

多重比较标准

Number of Means（P）	2	3	4
Critical Range（$LSR_{0.05}$）	2.5806649	3.1225615	3.4493148

多重比较结果

Means with the same letter are not significantly different.

SNK Grouping		Mean	N	a
	A	14.571	7	a1
B	A	12.167	6	a2
B		10.286	7	a4
B		10.000	8	a3

多重比较结果表明,稻田类型Ⅰ虫口密度显著高于稻田类型Ⅲ、稻田类型Ⅳ;其与稻田类型Ⅱ之间无显著差异。

【结果解释】

虽然在数据步中采用两种不同方式输入数据,但分析结果是相同的,输出以下三个方面的内容。

(1)显示资料的分组(4 种稻田类型)信息,共有观察值个数为 28。

(2)方差分析表,其项目有:变异来源(Source)、自由度(DF)、平方和(Sun of Squares)、均方(Mean Square)、F 值(F Value)及概率 Pr(Pr＞F)。总变异(Corrected Total)分解为整个处理效应(Model)的变异和误差项(Error)的变异。F 检验结果:F＝5.92,Pr＝0.0036,表明稻田类型间稻纵卷叶螟的虫口密度差异达到极显著水平。同时分别列出:稻田类型与虫口密度的相关指数(R-Square);误差项均方根 Root MSE(相当于方程估测误差);虫口密度(y)的平均数;变异系数(Coeff Var)。

(3)多重比较,其项目有:显著水平为 0.05、自由度＝24、误差均方＝5.415675、加权样本容量(n0＝6.927835)、LSR 值(Critical Range):P＝2(2.5806649)、P＝3(3.1225615)、P＝4(3.4493148)及标记字母法的差异显著性表。经测验结果表明:稻田类型Ⅰ虫口密度显著高于稻田类型Ⅲ、稻田类型Ⅳ;其与稻田类型Ⅱ之间无显著差异。

第三节 多因素试验资料方差分析的 SAS 编程

一、组合内只有单个观察值的两向分组资料方差分析的 SAS 编程

例 4. 采用 5 种生长素处理豌豆,未处理为对照,待种子发芽后,分别每盆中移植 4 株,每组为 6 盆,每盆一个处理,试验共有 4 组 24 盆,并按组排于温室中,使同组各盆的环境条件一致。当各盆见第一朵花时记录 4 株豌豆的总节间数,结果列于表 5.3,试做方差分析。

表 5.3 生长素处理豌豆的试验结果

处理(A 因素)	组间环境条件(B 因素)			
	Ⅰ	Ⅱ	Ⅲ	Ⅳ
未处理	60	62	61	60
赤霉素	65	65	68	65
动力精	63	61	61	60
吲哚乙酸	64	67	63	61
硫酸腺嘌呤	62	65	62	64
马来酸	61	62	62	65

双循环输入法:a 为处理,b 为组

【SAS 程序】

```
data ex53;
do a＝1 to 6;
```

```
do b＝1 to 4;
input y @@;
output;end;end;
cards;
60 62 61 60
65 65 68 65
63 61 61 60
64 67 63 61
62 65 62 64
61 62 62 65
;
proc anova;class a b;model y＝a b;means a b/duncan alpha＝0.01; run;
```

【程序说明】

（如果每组含有 n＝2 个值，只要在数据中只加一条语句 do r＝1 to 2，在过程步中把 class a b;model y＝a b 两个语句换成下面两个语句:class a b r;model y＝a b a＊b）

在数据步中，用了两套循环语句，在 do 语句里规定外层、内层的变量分别为 a（生长素处理）、b（组）。output 语句用于观察值的输出。

在过程步中，class 语句指明分别以生长素（a）和组（b）两变量进行分组;model 语句用于定义分析时用两向分组资料（生长素、组）的线性数学模型进行，y＝a b 表示要分析 A 因素和 B 因素的效应（还包括误差效应）;means 语句用于计算生长素的效应平均数，'duncan alpha＝0.01'是表示多重比较用新复极差法，显著水平为 0.01。

【结果显示】

(1)The ANOVA Procedure

Class Level Information

Class	Levels	Values
a	6	1 2 3 4 5 6
b	4	1 2 3 4

Number of observations 24

(2)The SAS System

The ANOVA Procedure

Dependent Variable:y

Model 定义所有因素综合效应方差分析表

变异来源	自由度	平方和	均方（方差）	F 值	F 值在 F 分布中右尾的概率
Source	DF	Sum of Squares	Mean Square	F Value	Pr＞F
Model	8	71.3333333	8.9166667	3.09	0.0285
Error	15	43.2916667	2.8861111		
Corrected Total	23	114.6250000			

F 检验结果:F＝3.09,Pr＝0.0285＜0.05,Model 定义所有因素综合效应模型方差显著大

于误差方差,表明整个处理组合效应(包含生长素和组间环境条件两方面效应)是显著的。

R-Square	Coeff Var	Root MSE	y Mean
0.622319	2.701958	1.698856	62.87500

AModel 定义各个因素效应模型方差分析表

变异来源	自由度	平方和	均方(方差)	F 值	F 值在 F 分布中右尾的概率
Source	DF	Anova SS	Mean Square	F Value	Pr>F
a	5	65.87500000	13.17500000	4.56	0.0099
b	3	5.45833333	1.81944444	0.63	0.6066

各因素方差分析表明,生长素效应极显著(F=4.56,Pr=0.0099<0.01,生长素效应方差极显著大于误差方差);组间环境条件差异不显著(F=0.63,Pr=0.6066>0.05 组间效应方差与误差方差同质)。

(3)The ANOVA Procedure A 因素水平间多重比较标准

Duncan's Multiple Range Test for y

Alpha	0.01
Error Degrees of Freedom	15
Error Mean Square	2.886111

Number of Means(P)	2	3	4	5	6
Critical Range(LSR$_{0.01}$)	3.540	3.692	3.791	3.862	3.916

A(生长素)因素水平间多重比较结果

Means with the same letter are not significantly different.

Duncan	Grouping		Mean	N	a
		A	65.750	4	2(赤霉素)
B		A	63.750	4	4(吲哚乙酸)
B		A	63.250	4	5(硫酸腺嘌呤)
B		A	62.500	4	6(马来酸)
B			61.250	4	3(动力精)
B			60.750	4	1(对照)

多重比较表明,赤霉素处理与动力精、对照之间差异达到极显著,其他处理相互之间都没有达到极显著差异。

【结果解释】

分析结果输出 3 个方面的内容。

(1)显示资料的分组信息,A 因素 6 水平,B 因素 4 水平。共有观察值个数为 24。

(2)方差分析表,其项目有:变异来源(Source)、自由度(DF)、平方和(Sun of Squares)、均方(Mean Square)、F 值(F Value)及概率 Pr(Pr>F)。总变异(Corrected Total)分解为整个处理效应(Model)的变异和误差项(Error)的变异。F 检验结果:F=3.09,Pr=0.00285,表明整个处理总效应是真实存在(包含生长素和组两方面效应)。同时分解其处理总效应为:生长素效应极显著(F=4.56,Pr=0.0099);组间效应不显著(F=0.63,Pr=0.6066)。

（3）多重比较，其项目有显著水平为 0.01、自由度＝15、误差均方＝2.886111、LSR 值（Critical Range）及标记字母法的差异显著性表。经测验结果表明：赤霉素处理与动力精、对照之间差异达到极显著，其他处理相互之间都没有达到极显著差异。

例 5.为研究蒸馏水的 pH 和硫酸铜浓度对化验血清白蛋白的影响，采用交叉分组，用同一种血清。每一水平组合各做一次化验，测得白蛋白与球蛋白之比例见表 5.4，试做方差分析。

表 5.4　pH 及硫酸铜浓度对血清蛋白的影响

| 蒸馏水值 | 硫酸铜浓度（B） | | |
（A）	0.04	0.08	0.10
5.4	3.5	2.3	2.0
5.6	2.6	2.0	1.9
5.7	2.0	1.5	1.2
5.8	1.4	0.8	0.3

【SAS 程序】

```
options nodate nonumber;
data xu6d;
do a=1 to 4;
do b=1 to 3;
input x @@;
output;end; end;
cards;
3.5 2.3 2.0
2.6 2.0 1.9
2.0 1.5 1.2
1.4 0.8 0.3
;
proc glm;
class a b;model x=a b/ss3;
means a b;means a b/snk;
run;
```

【结果显示】

(1)Dependent Variable：x

Source	DF	Sum of Squares	Mean Square	F Value	Pr＞F
Model	5	7.51083333	1.50216667	34.89	0.0002
Error	6	0.25833333	0.04305556		
Corrected Total	11	7.76916667			

R-Square	Coeff Var	Root MSE	x Mean
0.966749	11.58130	0.207498	1.791667

Source	DF	Type Ⅲ SS	Mean Square	F Value	Pr＞F
a	3	5.28916667	1.76305556	40.95	0.0002
b	2	2.22166667	1.11083333	25.80	0.0011

方差分析结果表明,总处理(Model)均方与误差项均方之比达到极显著水平(F＝34.49,Pr＝0.0002),说明或 A、或 B、或 A、B 两因素的主效应都非常明显。各效应的分析表明,A、B 两因素各水平间都存在明显的差异(P＜0.01)。

(2)Level of ---------------------------A---------------------------

a	N	Mean	Std Dev	SNK Grouping	a
1	3	2.60000000	0.79372539	A	1
2	3	2.16666667	0.37859389	B	2
3	3	1.56666667	0.40414519	C	3
4	3	0.83333333	0.55075705	D	4

q 检验结果表明,A 因素(pH)各水平两两间的均数差异都达到了显著水准(P＜0.05)。

(3)Level of ---------------------------B---------------------------

b	N	Mean	Std Dev	SNK Grouping	b
1	4	2.37500000	0.89582364	A	1
2	4	1.65000000	0.65574385	B	2
3	4	1.35000000	0.78528127	B	3

B 因素(硫酸铜浓度)各水平间的浓度为 0.04 的与 0.08、0.10 的均数差异达到了 0.05 显著水准,0.08 的与 0.10 的差异不明显(P＞0.05)。

【程序说明】

循环语句指明外循环 A 取值 1～4(A 因素的水平名称),内循环 B 取值 1～3(因素的水平名称),水平组合 4×3＝12,为观察值的个数。

proc 语句指明调用 glm 过程,进行方差分析,若改 glm 为 ANOVA 过程,其分析结果相同。

class 语句指明 2 个分组变量或 2 个自变量(即 A、B 两因素)。

model 语句定义两因素主因素模型,其效应的平方和以 SS3 型输出。

两个 means 语句前者指明计算 A、B 两因素各水平的平均数及标准差(可有可无);后者要求计算的各水平平均数用 q 法进行多重比较。

【结果分析】

(1)方差分析结果表明,总处理(Model)均方与误差项均方之比达到极显著水平(F＝34.49,Pr＝0.0002)。说明或 A、或 B、或 A、B 两个因素的主效应都非常明显。各效应的分析表明,A、B 两因素各水平间都存在明显的差异(P＜0.01)。

(2)q 检验结果表明,A 因素(pH)各水平两两间的均数差异都达到了显著水准(P＜0.05)。

(3)B 因素(硫酸铜浓度)各水平间的浓度为 0.04 的与 0.08、0.10 的均数差异达到了 0.05 显著水准,0.08 的与 0.10 的差异不明显(P＞0.05)。

二、单因素随机区组设计试验资料方差分析的 SAS 编程

例 6. 一个小麦品种比较试验，共有 A、B、C、D、E、F、G、H 8 个品种（k＝8），其中 A 是标准品种，采用随机区组设计，重复 3 次（n＝3），小区记产面积 25 m²，其随机区组设计图和小区产量结果见表 5.5，试做方差分析。

表 5.5　小麦品种比较试验（随机区组设计）产量结果的区组和处理两向表　　　　　kg

品种（A 因素）	区组（B 因素）			Tt	yt
	Ⅰ	Ⅱ	Ⅲ		
A	10.9	9.1	12.2	32.2	10.7
B	10.8	12.3	14.0	37.1	12.4
C	11.1	12.5	10.5	34.1	11.4
D	9.1	10.7	10.1	29.9	10.0
E	11.8	13.9	16.8	42.5	14.2
F	10.1	10.6	11.8	32.5	10.8
G	10.0	11.5	14.1	35.6	11.9
H	9.3	10.4	14.4	34.1	11.4
Tr	83.1	91.0	103.9	T＝278.0	
yr	10.4	11.4	13.0		y＝11.6

由表 5.5 可以看出，只要把处理看作 A 因素，把区组看作 B 因素，单因素随机区组设计试验资料即为每组合只有一个值的两向分组资料，其方差分析的 SAS 过程也相同。

双循环输入法：a＝A 因素的水平数，b＝B 因素（区组或重复）的水平数。

【SAS 程序】

```
Data li1;
Do a＝1 to 8;
do b＝1 to 3;
input y @@;
output;end;end;
cards;
10.9   9.1   12.2
10.8   12.3  14.0
11.1   12.5  10.5
9.1    10.7  10.1
11.8   13.9  16.8
10.1   10.6  11.8
10.0   11.5  14.1
9.3    10.4  14.4
;
Proc anova;
Class a b;
```

model y＝a b；means a/duncan；run；

【程序说明】

在数据步中,采用双循环输入法。

在过程步中,Class 指明分组变量,分别是 a 和 b;model 定义分析的效应因素分别是 a 和 b;采用新复极差方法进行多重比较。

【结果显示】

The SAS System

The ANOVA Procedure

Class Level Information

Class	Levels	Values
a	8	1 2 3 4 5 6 7 8
b	3	1 2 3

Number of observations 24

Model 定义所有因素综合效应方差分析表

变异来源	自由度	平方和	均方(方差)	F 值	F 值在 F 分布中右尾的概率
Source	DF	Sum of Squares	Mean Square	F Value	Pr＞F
Model	9	61.64083333	6.84898148	4.17	0.0086
Error	14	22.97250000	1.64089286		
Corrected Total	23	84.61333333			

R-Square	Coeff Var	Root MSE	y Mean
0.728500	11.05876	1.280973	11.58333

A Model 定义各个因素效应方差分析表

变异来源	自由度	平方和	均方(方差)	F 值	F 值在 F 分布中右尾的概率
Source	DF	Anova SS	Mean Square	F Value	Pr＞F
a	7	34.08000000	4.86857143	2.97	0.0395
b	2	27.56083333	13.78041667	8.40	0.0040

A 因素(品种间)差异显著($F=2.97$,$Pr=0.0395<0.05$,A 因素效应方差显著大于误差方差),B 因素(区组间)差异极显著($F=8.40$,$Pr=0.0040<0.01$,B 因素效应方差极显著大于误差方差),说明区组间差异极显著,进一步说明区组控制或减少试验误差效果明显。

The SAS System

The ANOVA Procedure

Duncan's Multiple Range Test for y

NOTE：This test controls the Type Ⅰ comparisonwise error rate，not the experimentwise error rate.

品种间多重比较(Duncan's 法)：显著水平为 0.05

Alpha	0.05
Error Degrees of Freedom	14
Error Mean Square	1.640893

Number of Means（p）	2	3	4	5	6	7	8
Critical Range（$LSR_{0.05}$）	2.243	2.351	2.417	2.462	2.493	2.516	2.534

Means with the same letter are not significantly different.

品种间多重比较结果

Duncan Grouping		Mean	N	a
	A	14.167	3	5
B	A	12.367	3	2
B	A	11.867	3	7
B		11.367	3	8
B		11.367	3	3
B		10.833	3	6
B		10.733	3	1
B		9.967	3	4

【结果解释】

Model 定义所有因素综合效应方差分析表中的 F 测验表明：F＝4.17，Pr＝0.0086＜0.01，Model 定义所有因素综合效应方差极显著大于误差方差。

Model 定义各个因素效应方差分析表中的 F 测验表明：A 因素（品种间）差异显著（F＝2.97，Pr＝0.0395＜0.05），A 因素效应方差显著大于误差方差；B 因素（区组间）差异极显著（F＝8.40，Pr＝0.0040＜0.01），B 因素效应方差极显著大于误差方差，说明区组间极显著，进一步说明区组控制或减少试验误差效果明显。

多重比较结果表明：品种 5 与品种 2、品种 7 差异不显著，但与品种 8、品种 3、品种 6、品种 1、品种 4 差异显著；品种 2、品种 7、品种 8、品种 3、品种 6、品种 1、品种 4 间都不显著。

三、二因素随机区组设计试验资料方差分析的 SAS 编程

例 7. 有一苹果二因素试验，A 因素为品种，分别为 A1、A2、A3 3 个水平，B 因素为施氮量，分别为 B1（不施氮）、B2（低氮）、B3（中氮）、B4（高氮）4 个水平，共有 ab＝3×4＝12 个处理组合，重复 3 次（r＝3），随机区组设计。第三年的小区平均单棵产量列于表 5.6 中，试做方差分析。

表 5.6　苹果品种与施氮量产量　　　　　　　　　　　　　　　　　kg/棵

处理组合	区组 Ⅰ	区组 Ⅱ	区组 Ⅲ
A1B1	20	21	19
A1B2	21	22	21
A1B3	23	23	23
A1B4	21	21	19
A2B1	20	20	21
A2B2	23	22	24
A2B3	24	24	20
A2B4	22	20	20

续表5.6

处理组合	区组Ⅰ	区组Ⅱ	区组Ⅲ
A3B1	21	21	19
A3B2	24	21	25
A3B3	32	26	30
A3B4	22	22	24

【SAS 程序】

```
data ex54;
do a＝1 to 3;do b＝1 to 4; do r＝1 to 3;
input y @@;
output;end; end; end;
cards;
20 21 19 21 22 21 23 23 23 21 21 19
20 20 21 23 22 24 24 24 20 22 20 20
21 21 19 24 21 25 32 26 30 22 22 24
;
proc glm;
class a b r;
model y＝r a b a * b/ss3;
means a b /duncan;
lsmeans a * b/tdiff;run;
```

【程序说明】

在数据步中,用了三套循环语句,其中内循环把每一个处理组合的 3 个重复(区组)观察值输入 r,中循环把施氮量 4 水平和外循环把品种 3 水平分别输入 b、a,36 个观察值分别输入相应的分组变量。

三循环输入法:a＝A 因素的水平数,b＝B 因素的水平数,r＝重复数(区组数)

先输入第一个循环体的第一个水平和第二个循环体的第一个水平的组合与第三个循环体的全部水平的组合值,再输入第一个循环体的第一个水平和第二个循环体的第二个水平的组合与第三个循环体的全部水平的组合值……依此类推;再输入第一个循环体的第二个水平与第二个循环体的第一个水平的组合与第三个循环体的全部水平的组合值,再输入第一个循环体的第二个水平和第二个循环体的第二个水平的组合与第三个循环体的全部水平的组合值所有水平的组合值,依此类推……

在过程步中,model 语句定义 r、A、B 三个主效应和 A * B 互作效应的线性数学模型,选项指明各效应的平方和以 ss3 输出(没有"ss3",结果会以 ss1 和 ss3 两种形式分别输出);means 语句要求用新复极差法对 A、B 两个因素各水平平均数进行多重比较,显著水平为 0.05;lsmeans 语句要求依据最小误差平方法计算各处理组合的平均数,选项要求输出各处理组合平均数比较的 t 检验值及显著程度(没有 lsmeans 语句,在处理组合平均数的比较时系统不输出测验的结果,只输出平均数和标准差)。

【结果显示】

The GLM Procedure

Class Level Information

Class	Levels	Values
a	3	1 2 3
b	4	1 2 3 4
r	3	1 2 3

Number of observations　36

The GLM Procedure

Dependent Variable：y

Model 定义所有因素综合效应方差分析表

变异来源	自由度	平方和	均方（方差）	F 值	F 值在 F 分布中右尾的概率
Source	DF	Sum of Squares	Mean Square	F Value	Pr>F
Model	13	221.4166667	17.0320513	7.60	<.0001
Error	22	49.3333333	2.2424242		
Corrected Total	35	270.7500000			

R-Square	Coeff Var	Root MSE	y Mean
0.817790	6.730214	1.497473	22.25000

A Model 定义各个因素效应方差分析表

变异来源	自由度	平方和	均方（方差）	F 值	F 值在 F 分布中右尾的概率
Source	DF	Type Ⅲ SS	Mean Square	F Value	Pr>F
r	2	4.6666667	2.3333333	1.04	0.3700
a	2	51.5000000	25.7500000	11.48	0.0004
b	3	115.4166667	38.4722222	17.16	<.0001
a * b	6	49.8333333	8.3055556	3.70	0.0107

The GLM Procedure 多重比较

Duncan's Multiple Range Test for y

Alpha		0.05	
Error Degrees of Freedom			22
Error Mean Square			2.242424
Number of Means(P)		2	3
Critical Range($LSR_{0.05}$)		1.268	1.331

Means with the same letter are not significantly different.

A 因素水平平均数间的多重比较

Duncan Grouping	Mean	N	a
A	23.9167	12	3
B	21.6667	12	2
B	21.1667	12	1

The GLM Procedure

Duncan's Multiple Range Test for y

Alpha	0.05
Error Degrees of Freedom	22
Error Mean Square	2.242424

Number of Means（P）	2	3	4
Critical Range（$LSR_{0.05}$）	1.464	1.537	1.584

Means with the same letter are not significantly different.

B因素水平平均数间的多重比较

Duncan Grouping		Mean	N	b
	A	25.0000	9	3
	B	22.5556	9	2
C	B	21.2222	9	4
C		20.2222	9	1

The GLM Procedure

Least Squares Means

a	b	y LSMEAN	LSMEAN Number
1	1	20.0000000	1
1	2	21.3333333	2
1	3	23.0000000	3
1	4	20.3333333	4
2	1	20.3333333	5
2	2	23.0000000	6
2	3	22.6666667	7
2	4	20.6666667	8
3	1	20.3333333	9
3	2	23.3333333	10
3	3	29.3333333	11
3	4	22.6666667	12

Least Squares Means for Effect a * b

t for H0：LSMean(i)＝LSMean(j) / Pr ＞ |t|

Dependent Variable：y

i/j	A	B	1	2	3	4	5	6
1	A1	B1		−1.0905	−2.45362	−0.27262	−0.27262	−2.45362
				0.2873	0.0225	0.7877	0.7877	0.0225

i/j	A	B	1	2	3	4	5	6
2	A1	B2	1.0905		−1.36312	0.817875	0.817875	−1.36312
			0.2873		0.1866	0.4222	0.4222	0.1866
3	A1	B3	2.453624	1.363124		2.180999	2.180999	0
			0.0225	0.1866		0.0402	0.0402	1.0000
4	A1	B4	0.272625	−0.81787	−2.181		−291E−17	−2.181
			0.7877	0.4222	0.0402		1.0000	0.0402
5	A2	B1	0.272625	−0.81787	−2.181	2.91E−15		−2.181
			0.7877	0.4222	0.0402	1.0000		0.0402
6	A2	B2	2.453624	1.363124	0	2.180999	2.180999	
			0.0225	0.1866	1.0000	0.0402	0.0402	
7	A2	B3	2.180999	1.0905	−0.27262	1.908374	1.908374	−0.27262
			0.0402	0.2873	0.7877	0.0695	0.0695	0.7877
8	A2	B4	0.54525	−0.54525	−1.90837	0.272625	0.272625	−1.90837
			0.5911	0.5911	0.0695	0.7877	0.7877	0.0695
9	A3	B1	0.272625	−0.81787	−2.181	0	−291E−17	−2.181
			0.7877	0.4222	0.0402	1.0000	1.0000	0.0402
10	A3	B2	2.726249	1.635749	0.272625	2.453624	2.453624	0.272625
			0.0123	0.1161	0.7877	0.0225	0.0225	0.7877
11	A3	B3	7.633497	6.542997	5.179873	7.360872	7.360872	5.179873
			<.0001	<.0001	<.0001	<.0001	<.0001	<.0001
12	A3	B4	2.180999	1.0905	−0.27262	1.908374	1.908374	−0.27262
			0.0402	0.2873	0.7877	0.0695	0.0695	0.7877

Least Squares Means

Least Squares Means for Effect a * b

t for H0：LSMean(i)＝LSMean(j) / Pr ＞ |t|

Dependent Variable：y

i/j	A	B	7	8	9	10	11	12
1	A1	B1	−2.181	−0.54525	−0.27262	−2.72625	−7.6335	−2.181
			0.0402	0.5911	0.7877	0.0123	<.0001	0.0402
2	A1	B2	−1.0905	0.54525	0.817875	−1.63575	−6.543	−1.0905
			0.2873	0.5911	0.4222	0.1161	<.0001	0.2873
3	A1	B3	0.272625	1.908374	2.180999	−0.27262	−5.17987	0.272625
			0.7877	0.0695	0.0402	0.7877	<.0001	0.7877
4	A1	B4	−1.90837	−0.27262	0	−2.45362	−7.36087	−1.90837
			0.0695	0.7877	1.0000	0.0225	<.0001	0.0695
5	A2	B1	−1.90837	−0.27262	2.91E−15	−2.45362	−7.36087	−1.90837
			0.0695	0.7877	1.0000	0.0225	<.0001	0.0695

6	A2	B2	0.272625	1.908374	2.180999	−0.27262	−5.17987	0.272625
			0.7877	0.0695	0.0402	0.7877	<.0001	0.7877
7	A2	B3		1.635749	1.908374	−0.54525	−5.4525	0
				0.1161	0.0695	0.5911	<.0001	1.0000
8	A2	B4	−1.63575		0.272625	−2.181	−7.08825	−1.63575
			0.1161		0.7877	0.0402	<.0001	0.1161
9	A3	B1	−1.90837	−0.27262		−2.45362	−7.36087	−1.90837
			0.0695	0.7877		0.0225	<.0001	0.0695
10	A3	B2	0.54525	2.180999	2.453624		−4.90725	0.54525
			0.5911	0.0402	0.0225		<.0001	0.5911
11	A3	B3	5.452498	7.088247	7.360872	4.907248		5.452498
			<.0001	<.0001	<.0001	<.0001		<.0001
12	A3	B4	0	1.635749	1.908374	−0.54525	−5.4525	
			1.0000	0.1161	0.0695	0.5911	<.0001	

【结果解释】

分析结果输出 4 个方面的内容。

(1)显示资料的分组信息，A 因素 3 水平，B 因素 4 水平、3 个区组（r），共有观察值个数为 36。

(2)方差分析结果（F＝7.6，Pr＜.0001）表明，整个处理总效应真实存在（包含区组、品种、施氮量、品种与施氮量互作效应）。整个处理总效应分解结果为：区组间效应不显著（F＝1.04，Pr＝0.3700）；品种间效应极显著（F＝11.48，Pr＝0.0004）；施氮量间效应极显著（F＝17.16，Pr＜.0001）；品种与施氮量互作效应显著（F＝3.70，Pr＝0.0107）。

(3)品种、施氮量各平均数间的多重比较，其显著水平为 0.05、自由度＝22、误差均方＝2.242424、LSR 值（Critical Range）及标记字母法的差异显著性表。测验结果表明，A3 品种的产量显著高于 A2 品种、A1 品种，A2 品种和 A1 品种之间产量差异不显著。在施氮量处理之间中施氮量处理中，中等水平（B3）显著优于其他施氮量水平。

(4)处理组合平均数比较结果：A3 品种采用 B3 施氮量（A3B3），其产量极显著地高于其他处理组合；A3B1 与 A1B3、A2B3，A3B2 与 A1B1、A1B4、A2B1、A2B4，A3B4 与 A1B1 之间的产量差异达显著水平；其他处理组合平均数比较结果表中列出了比较的 t 值和相应的概率。

四、二因素裂区设计试验资料方差分析的 SAS 编程

裂区设计将误差项实行再分解，以选择适宜于各效应 F 检验的分母。这一过程可借用 ANOVA 或 GLM 中的 TEST 语句来实现。

例 8. 设有一小麦中耕次数因素（A）和施肥量因素（B）试验（表 5.7），主处理 A，分 A1、A2、A3 3 个水平，副处理为 B，分 B1、B2、B3、B4 4 个水平，裂区设计，重复 3 次（r＝3），副区计产面积 16.5 m²，其田间试验设计和小区产量（kg/16.5 m²）见图 5.1，试做方差分析（表 5.7）。

B2 37	A1 B1 29	B3 18	B4 17	B3 15	A3 B3 31	B4 16	B1 30	B4 13	A2 B3 13	B1 28	B2 31	Ⅰ区组
B1 27	A3 B3 14	B4 15	B2 28	B4 12	A2 B3 13	B2 28	B1 29	B2 32	A1 B3 14	B4 16	B1 28	Ⅱ区组
B4 15	A1 B3 17	B2 31	B1 32	B2 31	A3 B4 13	B1 26	B3 11	B1 25	A2 B2 29	B4 12	B3 10	Ⅲ区组

图 5.1　田间试验设计和小区产量(kg/16.5 m²)

表 5.7　小麦中耕次数和施肥量试验产量　　kg/小区

中耕次数 主处理(A)	施肥量 副处理(B)	区组Ⅰ	区组Ⅱ	区组Ⅲ
A1	B1	29	28	32
	B2	37	32	31
	B3	18	14	17
	B4	17	16	15
A2	B1	28	29	25
	B2	31	28	29
	B3	13	13	10
	B4	13	12	12
A3	B_1	30	27	26
	B2	31	28	31
	B3	15	14	11
	B4	16	15	13

【SAS 程序】

```
data ex55;
do a=1 to 3;
do b=1 to 4;
do r=1 to 3;
input y @@;
```

```
output;
end;end;end;
cards;
29 28 32 37 32 31 18 14 17 17 16 15
28 29 25 31 28 29 13 13 10 13 12 12
30 27 26 31 28 31 15 14 11 16 15 13
;
Proc anova;
Class a b r;
Model y= a b r a*r a*b;
test h=a e=a*r;
test h=r e=a*r;
means a/duncane=a*r;
means b a*b/duncan;run;
```

【程序说明】

在数据步中,用了三套循环语句把 36 个观察值分别输入到相应的分组变量中。

三循环输入法:a=A 因素的水平数,b=B 因素的水平数,r=重复数(区组数)。先输入第一个循环体的第一个水平和第二个循环体的第一个水平的组合与第三个循环体的全部水平的组合值,再输入第一个循环体的第一个水平和第二个循环体的第二个水平的组合与第三个循环体的全部水平的组合值……依此类推;再输入第一个循环体的第二个水平与第二个循环体的第一个水平的组合与第三个循环体的全部水平的组合值,再输入第一个循环体的第二个水平和第二个循环体的第二个水平的组合与第三个循环体的全部水平的组合值所有水平的组合值,依此类推……

在过程步中,Model 语句定义区组、中耕次数、中耕次数与区组互作(主区误差均方)、施肥量、中耕次数与施肥量互作五项效应模型;2 个 test 语句用来指定 F 检验的分子与分母,H=分子,E=分母,即表示当测验区组和中耕次数的显著性时,应该采用中耕次数与区组互作项 a*r 为误差均方 E1 进行 F 检验;第一个 means 语句表示对中耕次数平均数进行多重比较,并用主区误差均方及采用新复极差法;第二个 means 语句表示对施肥量、处理组合的平均数进行多重比较及采用新复极差法。

【结果显示】

(1)The ANOVA Procedure

Class Level Information 分组水平信息

Class	Levels	Values
a	3	1 2 3
b	4	1 2 3 4
r	3	1 2 3
Number of observations	36	

（2）The ANOVA Procedure

Dependent Variable：y

Model 定义所有因素综合效应方差分析表

（用副区误差 E_2 作为分母进行 F 检验）

变异来源	自由度	平方和	均方（方差）	F 值	F 值在 F 分布中右尾的概率
Source	DF	Sum of Squares	Mean Square	F Value	Pr ＞ F
Model	17	2308.833333	135.813725	52.95	＜.0001
Error	18	46.166667	2.564815		
Corrected Total	35	2355.000000			

F 检验表明，F＝52.95，Pr＜.0001，Model 定义所有因素综合效应方差极显著大于误差方差。

R-Square	Coeff Var	Root MSE	y Mean
0.980396	7.335132	1.601504	21.83333

A Model 定义各个因素效应方差分析表

（都用副区误差 E_2 作为分母进行 F 测验）

变异来源	自由度	平方和	均方（方差）	F 值	F 值在 F 分布中右尾的概率
Source	DF	Anova SS	Mean Square	F Value	Pr ＞ F
r	2	32.666667	16.333333	6.37	0.0081
a	2	80.166667	40.083333	15.63	0.0001
a * r	4	9.166667	2.291667	0.89	0.4880
b	3	2179.666667	726.555556	283.28	＜.0001
a * b	6	7.166667	1.194444	0.47	0.8246

F 检验表明，（1）区组（F＝6.37，Pr＝0.0081＜0.01）间差异极显著；（2）不同的中耕次数（F＝15.63，Pr＝0.0001＜0.01）有极显著差异；（3）不同的施肥量间（F＝283.28，Pr＜.0001）有极显著差异；（4）a * r 互作（F＝0.89，Pr＝0.4880＞0.05）不显著，即可以作为主区误差 E1；（5）中耕次数和施肥量互作（F＝0.47，Pr＝0.8426＞0.05）没有显著差异。

对主因素中耕次数和区组因素用主区误差 E1＝a * r 作为分母进行 F 检验

Tests of Hypotheses Using the Anova MS for a * r as an Error Term

变异来源	自由度	平方和	均方（方差）	F 值	F 值在 F 分布中右尾的概率
Source	DF	Anova SS	Mean Square	F Value	Pr ＞ F
a	2	80.16666667	40.08333333	17.49	0.0105
r	2	32.66666667	16.33333333	7.13	0.0480

两次测验相比，用主区误差对 a、r 进行测验的显著性比用副区误差进行测验的显著性大大降低。因为一般情况下，主处理间比较的误差大于副处理间比较的误差。不同的中耕次数（F＝17.49，Pr＝0.0105＜0.05）只有显著差异。区组（F＝7.13，Pr＝0.0480＜0.05）间差异也只达 0.05 显著水平。即区组在控制土壤差异上有显著效果，从而显著地减少了误差。

（3）The ANOVA ProcedureA 耕作水平间多重比较

Duncan's Multiple Range Test for y

Alpha	0.05
Error Degrees of Freedom	4
Error Mean Square	2.291667

Number of Means（P）	2	3
Critical Range（$LSR_{0.05}$）	1.716	1.753

Means with the same letter are not significantly different

Duncan Grouping	Mean	N	a
A	23.8333	12	1
B	21.4167	12	3
B	20.2500	12	2

A 中耕次数间多重比较:耕作水平的第一个水平与第二个平、第三个水平间差异显著。

B 因素施肥量间多重比较

The ANOVA Procedure

Duncan's Multiple Range Test for y

Alpha	0.05
Error Degrees of Freedom	18
Error Mean Square	2.564815

Number of Means(P)	2	3	4
Critical Range($LSR_{0.05}$)	1.586	1.664	1.713

Means with the same letter are not significantly different.

Duncan Grouping	Mean	N	b
A	30.8889	9	2
B	28.2222	9	1
C	14.3333	9	4
C	13.8889	9	3

B 因素施肥量间多重比较表明,施肥量的第二个水平、第一个水平都与其他 3 个水平差异显著,而第三个水平、第四个水平间差异不显著。

综合分析结论:本试验的耕作水平的 A1 显著优于 A2、A3,施肥量的 B2 极显著优于 B1、B3、B4。由于 A、B 间互作不显著,A、B 的效应可以直接相加,最优组合必为 A1B2。

（4）The ANOVA Procedure 各处理组合的平均数和标准差

Level of a	Level of b	N	-----------------y-----------------	
			Mean	Std Dev
1	1	3	29.6666667	2.08166600
1	2	3	33.3333333	3.21455025
1	3	3	16.3333333	2.08166600

1	4	3	16.0000000	1.00000000
2	1	3	27.3333333	2.08166600
2	2	3	29.3333333	1.52752523
2	3	3	12.0000000	1.73205081
2	4	3	12.3333333	0.57735027
3	1	3	27.6666667	2.08166600
3	2	3	30.0000000	1.73205081
3	3	3	13.3333333	2.08166600
3	4	3	14.6666667	1.52752523

【结果解释】

分析结果输出以下 4 个方面的内容。

(1)显示资料的分组信息,A 因素第三个水平,B 因素第四个水平、3 个区组(r),共有观察值个数为 36。

(2)方差分析结果(F＝52.95,Pr＜.0001)表明,整个处理总效应真实存在(包含区组、中耕次数、施肥量的效应),整个处理总效应分解结果:区组间效应显著(F＝7.13,Pr＝0.0480);中耕次数效应显著(F＝17.49,Pr＝0.0105);施肥量效应极显著(F＝283.28,Pr＜.0001);中耕次数与施肥量的互作效应不显著(F＝0.47,Pr＝0.8246),即中耕的效应不因施肥量多少而异,施肥量的效应也不因中耕次数多少而异。

(3)中耕次数平均数间的多重比较,其显著水平为 0.05、自由度＝4、标准误＝2.291667、LSR 值(Critical Range)及标记字母法的差异显著性表。测验结果表明,A1 处理的产量显著高于 A3、A2 处理,A2 和 A3 处理之间产量差异不显著。

施肥量平均数间的多重比较,其显著水平为 0.05、自由度＝18、标准误＝2.564815、LSR 值(Critical Range)及标记字母法的差异显著性表。测验结果表明,B2 处理优于其他处理 B1 处理显著优于 B4、B3 处理;B4 与 B3 之间差异不显著。互作效应不显著,不需对处理组合进行比较,最佳 A 处理与最佳 B 处理的组合将为最优处理组合(A1B2 处理组合平均数值最大)。

习 题

1. 用于方差分析的 SAS 过程主要有哪两个? 各用于什么类型资料的方差分析?

2. 在方差分析的 SAS 数据步中,主要采用什么方法输入数据?

3. 在方差分析的 SAS 过程步中,CLASS、MODEL、MEANS 语句的作用是什么?

4. 在裂区设计的方差分析的程序中,用什么语句定义 F 检验中的分子效应因素、分母效应因素?

5. 测定 5 种密度下植株的干物重(g)各 4 次,得到的结果如下表,试进行 SAS 编程的方差分析,并对 5 种密度下植株的干物重做相互比较,同时做出差异显著性结论(采用 duncan 方法进行多重比较,α＝0.01)。

种植密度				万苗/亩
2	4	6	8	10
25.0	23.8	21.4	21.0	20.3
26.3	24.4	22.7	20.4	19.8
25.6	24.6	22.1	20.0	18.8
25.7	23.6	21.8	21.0	20.1

6. 测定甲、乙、丙、丁 4 个品种收茧量(g),分 6 个组,其收茧量如下表,试进行 SAS 编程的方差分析,采用 snk 方法进行多重比较,$\alpha = 0.01$。

4 个品种 6 组的收茧量　　　　　　　　　　　　　　　　　　　　　g

品种	组别(B)					
(A)	1	2	3	4	5	6
甲	80	82	83	79	86	84
乙	80	75	74	77	78	76
丙	74	72	70	71	73	72
丁	77	75	76	74	74	73

7. 下表为小麦品种比较试验的产量结果(kg),随机区组设计,小区计产面积为 12 m^2。

(1)按单因素随机区组设计试验结果编程进行方差分析。

(2)假定该试验为一完全随机设计,试按单因素完全随机设计试验结果编程进行方差分析,并比较方差分析结果中对品种的 F 检验与随机区组时的 F 检验有何不同? 分析其原因,并解释区组是如何控制试验误差的?(采用 duncan 方法进行多重比较,$\alpha = 0.05$)

品种	区组Ⅰ	区组Ⅱ	区组Ⅲ	区组Ⅳ
A	6.2	6.6	6.3	7.1
B	6.8	6.7	6.0	6.9
C	6.2	6.6	6.8	7.5
D	6.6	5.8	6.3	7.0
E	6.9	6.8	7.0	7.4
F	6.8	7.0	7.3	7.3

8. 现有 5 个茶树品种进行品比试验,重复 3 次,采用随机区组设计,其春季采叶量列于下表,试进行 SAS 编程的方差分析,采用 snk 方法进行多重比较,$\alpha = 0.01$。

茶树品种春季采叶量　　　　　　　　　　　　　　　　　　　　　kg/小区

区组	品种				
	A	B	C	D	E
Ⅰ	18	21	19	19	20
Ⅱ	14	16	15	13	18
Ⅲ	13	17	15	14	20

9. 水稻剑叶面积是研究株型的一个重要性状。本试验选择 3 个恢复系与 3 个不育系配成 9 个杂交组合为材料,采用随机区组设计,重复 3 次。在齐穗期随机抽取各杂交组合(小区)中的 10 株主穗剑叶测定其平均叶面积,结果如下表,试进行 SAS 编程的方差分析,采用 SNK 方法进行多重比较,$\alpha = 0.05$。

恢复系与不育系的两向表

恢复系 A	不育系 B	区组 Ⅰ	区组 Ⅱ	区组 Ⅲ
A1	B_1	43.4	28.9	41.6
	B_2	47.2	44.9	44.5
	B_3	49.1	47.2	45.7
A2	B_1	36.0	37.0	28.6
	B_2	32.0	28.3	30.6
	B_3	53.5	47.8	46.0
A3	B_1	44.7	51.3	49.6
	B_2	54.0	54.0	53.0
	B_3	43.0	42.5	44.6

10. 江苏某地在追肥和不追肥的基础上比较猪牛粪、绿肥、堆肥、草塘泥等几种不同农家肥料对早稻产量的影响,采用裂区设计,主区处理为追肥和不追肥,副区处理为不同农家肥料,重复 4 次,结果见下表,试进行 SAS 编程的方差分析,采用 DUNCAN 方法进行多重比较,$\alpha = 0.05$。

农家肥对早稻产量的影响　　　　　　　　　　　kg/12 m²

主区	副区	区组 Ⅰ	区组 Ⅱ	区组 Ⅲ	区组 Ⅳ
追肥	不施肥	22.2	22.3	22.4	26.2
	猪牛粪	29.6	25.3	26.0	25.0
	绿肥	30.2	30.2	32.0	32.5
	堆肥	27.4	24.2	26.2	26.2
	草塘泥	32.0	28.3	33.0	30.8
不追肥	不施肥	8.8	9.6	9.6	15.2
	猪牛粪	17.6	12.6	12.3	19.4
	绿肥	20.8	16.8	20.3	24.3
	堆肥	14.0	12.3	16.0	16.0
	草塘泥	20.3	22.0	13.3	22.8

11. 在同样饲养管理条件下,3 个品种猪的增重如下表,试对 3 个品种的增重效果,利用 SSR 法在显著水平 0.05 下测验差异是否显著?(列方差分析表和字母标记表)

品种					增重 xij				kg
A1	16	12	18	18	13	11	15	10	17	18
A2	10	13	11	9	16	14	8	15	13	8
A3	11	8	13	6	7	15	9	12	10	11

12. 为了比较 4 种饲料(A)和猪的 3 个品种(B),从每个品种随机抽取 4 头猪(共 12 头)分别喂以 4 种不同饲料。随机配置、分栏饲养、位置随机排列。在 60～90 日龄,分别测出每头猪的日增重(g),数据如下,试检验饲料及品种间的差异显著性(饲料多重比较采用 SSR 法,品种多重比较采用 Q 法在显著水平 0.05 列方差分析表和字母标记表)。

4 种饲料 3 个品种猪 60～90 日龄日增重　　　　　　　　　　　　　　g

品种	A1	A2	A3	A4
B1	505	545	590	530
B2	490	515	535	505
B3	445	515	510	495

第六章

卡方检验的SAS过程

质量性状资料通常依据资料的不同性质（类别）范围，统计其范围内所包括观察值的次数，加以分类，制成列联表，然后通过 χ^2 检验，寻找它们（次数资料）的变化规律。

第一节　卡方检验的 SAS 过程格式和语句功能

在 SAS 系统中，根据不同类型的次数资料，可选用 FREQ、CATMOD、PROBIT 及 LOGISTIC 等过程进行分析，但常见的次数资料通常用 FREQ 过程就可以。该过程用于一个样本、一个或多个类别变量资料的分析，给出列联表及几种统计值等，故本章只讨论 FREQ 过程。

一、过程格式和语句功能

PROC FREQ 选项串。
TABLES 频数分布表的设计/选项串。
WEIGHT 变量名称。
BY 变量名称串。
OUTPUT OUT:输出资料文件的名称关键字符串。

二、语句说明

PROC FREQ 的选项主要有：

DATA:输入数据集名称；

OROER:界定某一变量下各类别的输出次序。内设 OROER＝INTERNAL，为类别次序由英文字母先后顺序决定。若无其他特别要求可省略该选项；

PAGE:要求每页只打印一个频数分布表，如不界定此选项时，FREQ 会考虑每页空间而打印多个频数分布表。

TABLES 中的频数分布表设计用于指明列表项，如 TABLES A、TABLES A＊B 或 A＊B＊C，分别表示一维、二维或三维表。有时简写 A＊（BC）表示等于 A＊B＊C；（AB）＊（CD）等于 A＊B、A＊D、B＊C、B＊D；在删除号后的选项中，其内容甚多。

EXPECTED：要求输出理论次数。

DEVIATION：输出观察次数（O）与理论次数（E）之差（O－E）。

CELLHHIZ：输出每格的值，即$(O-E)^2/E$。

NOFREQ：不输出观察次数。

NOPERCENT：不输出各格的次数。

NOROW：不输出各格以行总次数为分母的次数百分比。

NOCOL：不输出各格以列总次数为分母的次数百分比。

NOPRINT：不输出频数分布表，但输出各统计分析的结果，如 CHISQ 等。

以上各选项都省略时，将自动输出观察次数以资料总次数为分母的次数百分比（PER-CENT）、以行次数为分母的百分比（ROW）、以列次数为分母的百分比（COL）。

CHISQ：要求 4 种卡方检验，分别为皮尔森的卡方检验（Chi-Square）、似然比卡方检验（Likelihood Ratio Chi-Square）、连续性校正卡方检验（Continuity Adj. Chi-Square）（R×C 表格无此项）、曼特尔-亨塞尔卡方检验（Mantel-Haenszel Chi-Square）。同时输出 ϕ 系数、列联表系数（Coefficient of Contingency）、克莱姆的 V 系数（Cramer's V）。

EXACT：要求进行费歇儿精确检验。

MEASURES：要求一系列的线性相关指标以及它们的标准误。

LMH：要求执行克伦-曼特尔-亨塞尔的统计检验。

ALL：要求（9）（11）（12）3 种统计检验及关系指标的计算。

ALPHA＝概率值：内设为 0.05。

WEIGHT 指明权系数变量，卡方检验使用与次数对应的变量作为权系数。BY 和 OUTPUT 语句与以往的说明相同，只是关键字符串不同而已。

第二节 卡方检验的 SAS 编程

FREQ 过程用于独立性的检验，即研究次数资料的相关性，一般的资料多为两向（两维）表格的列联表。依据分组数的多少，可分为 2 * 2、2 * C 和 C * R（C 为竖列数，R 为横行数）3 种形式。以下介绍各种形式资料的分析过程。

一、2 * 2 表格的独立性的检验

例 1. 在草鱼出血病免疫攻击试验中，得到表 6.1 结果，试检验两种免疫方法的免疫力是否有显著差异？

表 6.1 免疫攻击试验结果

处理结果	处理方法		合计
	高渗	低渗	
死亡数	60	40	100
存活数	80	20	100
合计	140	60	200

【SAS 程序】

```
options nodate nonumber；
data a；
do a＝1 to 2；
do b＝1 to 2；
input f @@；
output；end；end；
cards；
60 80 40 20
；
proc freq formchar(1 2 7)＝'｜－＋'；
table a * b/chisq expected；
weight f；
run；
```

【程序说明】

tables 语句指明列表项和输出项，本例定义为二维表。选项中指明进行卡方检验以及输出理论次数。

【结果显示】

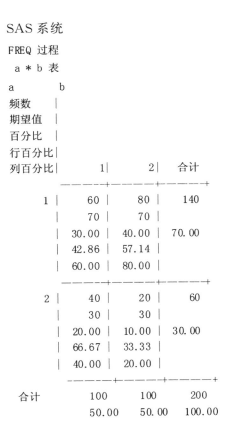

（2）SAS 系统

FREQ 过程

a * b 表的统计量

统计量	自由度	值	概率
卡方	1	9.5238	0.0020
似然比卡方	1	9.6629	0.0019
连续校正卡方	1	8.5952	0.0034
Mantel-Haenszel 卡方	1	9.4762	0.0021
Phi 系数		-0.2182	
列联系数		0.2132	
Cramer 的 V		-0.2182	

（3）Fisher 精确检验

单元格（1, 1）频数（F）	60
左侧 Pr <= F	0.0016
右侧 Pr >= F	0.9995
表概率（P）	0.0010
双侧 Pr <= P	0.0032

样本大小 = 200

【结果解释】

输出结果有 3 个部分。

（1）在基本的统计表中，第一行为观察次数（frequency），第二行为理论次数（Expected），第三行为各个观察次数所占的百分数（Percent），第四行为本行次数所占该行次数的百分比（Row Pct），第五行为本列次数所占该列总次数的百分比（Col Pct），第四行、第五行可有可无，若不需要输出，可在选项中加上"norow""nocol"即可。

（2）从 7 种用于检验次数资料的分析结果来看，着重看第一种卡方检验和第三种卡方检验，前者为自由度大于 1，且理论次数大于 5 时的卡方检验；后者为连续性校正的卡方检验，本例检验结果为 $\chi^2 = 8.5952$，$Pr = 0.0034 < 0.01$，差异极显著，表明不同处理方法对草鱼的死亡率有明显的差别，即低渗处理的死亡率明显高于高渗的处理。

（3）是 Fisher 的精确检验法，当样本含量过小时或有 1/5 的理论值小于 5 时，应采用该法进行检验。本例采用双尾检验，$Pr = 0.0032 < 0.01$，结论与卡方检验相同。

二、2 * C 或 R * 2 表格的独立性检验

例 2. 对甲、乙两县乳牛传染病进行普查，结果见表 6.2，试分析两县乳牛传染病的构成比是否一样？

表 6.2　甲、乙两地区传染病的构成

地区（A）	传染病（B）			合计
	结核	布鲁氏菌	口蹄疫	
甲	70	25	20	115
乙	50	79	21	150
合计	120	104	41	265

【SAS 程序】

```
options nodate nonumber;
data c;
do a＝1 to 2;
do b＝1 to 3;
input f @@;
output;end;end;
cards;
70 25 20
50 79 21
;
proc freq formchar(1 2 7 )＝'|－＋';
weight f;
tables a * b/chisq expected nocol;
run;
```

【程序说明】

　　tables 语句的选项仍要求输出各观察次数的理论次数,而无须输出各列的百分比,并对资料进行卡方检验。

【结果显示】

SAS 系统

FREQ 过程

a * b 表

```
a          b
频数    |
期望值  |
百分比  |
行百分比|     1|     2|     3|   合计
————————+—————+—————+—————+
      1 |   70|   25|   20|   115
        |52.075|45.132|17.792|
        |26.42 | 9.43 | 7.55 | 43.40
        |60.87 |21.74 |17.39 |
```

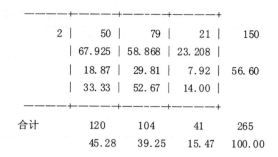

```
————+————+————+————+
    2 |  50 |  79 |  21 |    150
      |67.925|58.868|23.208|
      |18.87|29.81| 7.92| 56.60
      |33.33|52.67|14.00|
————+————+————+————+
合计    120   104    41    265
       45.28 39.25 15.47 100.00
```

SAS 系统

FREQ 过程

a * b 表的统计量

统计量	自由度	值	概率
卡方	2	27.2489	<.0001
似然比卡方	2	28.1950	<.0001
Mantel-Haenszel 卡方	1	7.2888	0.0069
Phi 系数		0.3207	
列联系数		0.3053	
Cramer 的 V		0.3207	

样本大小 = 265

【结果解释】

从输出结果的表格可知,观察次数、理论次数占整个资料的百分比及甲、乙两地乳牛传染病的构成比。经卡方检验结果:$\chi^2 = 27.2489$,$Pr < .0001$,表明两地乳牛传染病的构成比,有极为明显的差异。从各列的百分比(构成比)看,甲、乙两地口蹄疫的构成比较为接近(17.39%、14.00%),其余的差异较为明显,若要进一步加以分析,可再做 χ^2 的分割分析,此处略。

三、R * C 表格的独立性检验

例 3. 用 PAS 与链霉素治疗结核病所得到的试验资料见表 6.3,试检验处理与结果是否独立?

表 6.3　不同药物对结核病的治疗结果

药物处理(A)	痰液检查结果(B)		
	涂片(+)	涂片(一)培养(+)	涂片(一)培养(一)
PAS	56	30	13
链霉素	46	18	20
PAS+链霉素	37	18	35

【SAS 程序】

```
options nodate nonumber;
data d;
```

```
do a＝1 to 3;
do b＝1 to 3;
input f @@;output;
end;end;cards;
56 30 13
46 18 20
37 18 35
;
proc freq formchar(1 2 7)='｜－＋';
weight f;
tables a * b/chisq;
run;
```

【结果显示】

SAS 系统

FREQ 过程

a * b 表

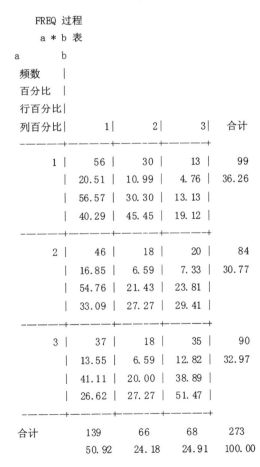

a	b				
频数 百分比 行百分比 列百分比		1	2	3	合计
1		56	30	13	99
		20.51	10.99	4.76	36.26
		56.57	30.30	13.13	
		40.29	45.45	19.12	
2		46	18	20	84
		16.85	6.59	7.33	30.77
		54.76	21.43	23.81	
		33.09	27.27	29.41	
3		37	18	35	90
		13.55	6.59	12.82	32.97
		41.11	20.00	38.89	
		26.62	27.27	51.47	
合计		139	66	68	273
		50.92	24.18	24.91	100.00

SAS 系统

FREQ 过程

a * b 表的统计量

统计量	自由度	值	概率
卡方	4	17.6284	0.0015
似然比卡方	4	17.7770	0.0014
Mantel-Haenszel 卡方	1	11.4263	0.0007
Phi 系数		0.2541	
列联系数		0.2463	
Cramer 的 V		0.1797	

样本大小 = 273

【结果说明】

tables 语句后的选项:指明仅对二维表格资料进行 χ^2 检验。其检验结果($\chi^2 = 17.6284$,Pr=0.0015<0.01)表明:处理与结果是关联的,即不同的处理(药物)对结核病的治疗效果是不同的。从各列的百分比(构成比)看,主要差异在最后一项检查结果上。其构成比分别为13.13%、23.81%、38.89%,可初步认为氨基水杨酸钠(PAS)+链霉素的治疗效果较为突出,具体分析当进行对 χ^2 的分割。

习 题

1. 有一大麦杂交组合,在 F_2 的芒性状表型有钩芒、长芒和短芒 3 种,观察计得其株数依次分别为 348、115、157。试测验是否符合 9:3:4 的理论比率?

2. 在研究牛的毛色和角的有无两对相对性状分离现象时,黑色无角牛和红色有角牛杂交,子二代结果出现黑色无角牛 192 头、黑色有角牛 78 头、红色无角牛 72 头、红色有角牛 18头,总共 360 头,问这两对性状是否符合孟德尔遗传规律中 9:3:3:1 的遗传比例?

3. 某一杂交组合的第三代(F3)共有 810 系,在温室内鉴别各系幼苗对某种病害的反应,并在田间鉴别植株对此病害的反应,所得结果列于下表,试测验两种反应间是否独立?

田间反应	抗病	分离	感染
抗病	142	51	3
分离	13	404	2
感染	2	17	176

第七章

简单相关回归分析的SAS过程

相关和回归分析研究的是变量间相互影响的数量关系或数量变化的规律。相关分析的目的在于了解变量间的密切程度和性质;回归分析的目的在于建立由自变量推算依变量的回归方程,以便进行预测和控制。

第一节　相关回归分析的 SAS 过程格式和语句功能

在 SAS 系统中,用于相关与回归分析的过程较为齐全,既可用于线性的和非线性的,又可用于简单的(一元)和复杂的(多元)相关与回归分析,主要有 CORR 和 REG 两个过程。另外两个不常用的 GLM 和 NLIN 过程,本章不介绍。

一、用于相关分析的 SAS 过程

1. CORR 过程的格式及语句功能(主要用于相关分析)

PROCCORR 语句的选项串。

VAR 变量串指明分析的变量。

WITH 变量串须与 VAR 语句连用,WITH 语句中所列举的 m 个变量与 VAR 中所列举的 n 个变量,将联合产生 m ∗ n 的相关系数矩阵。

PPPARTIAL 变量串名指明偏相关变量。

BY 变量名称串用于指明分组变量,但事先要对数据集按分组变量对数据由小到大排列,该步骤可由 PROCSORT 达成。

2. 语句说明

PROCCORR 语句选项中共 19 项,可用来设定相关系数等,主要有如下几点。

PEARSON:以乘积和计算的相关系数;

SPEARMAN:等级相关系数(秩相关);

KENDALL:肯德尔的 tau-b 系数;

HOEFFDING:霍梯灵的 D 统计量,SAS 执行时,将 D 值乘以 30,使 D 值介于 -0.5 与 $+1$ 之间。D 值为正值且其值越大,表明变量间独立性越强,关联性越低;

ALPHA:阿尔法系数,该系数等于 VAR 中每一变量与其余变量总和的乘积和相关;

NOSIMPLE:不输出变量的描述性统计值;

NOPRINT:不输出任何报表;

NOCORR:输出资料文件不包括相关系数;

NOPROB:不输出相关系数的显著性检验结果;

SSCP:输出乘积和(包括平方和)的矩阵;

COV:输出协方差的矩阵;

RANK:依其绝对值由大而小输出各变量与其他变量的相关系数。

若缺省以上选项,CORR 过程自动计算 PEARSON 相关系数与检验结果。

二、用于回归分析的 SAS 过程

1. REG 过程的格式及语句功能(主要用于回归分析)

PROC REG 语句的选项串。

MODEL 依变量名称串=自变量名称串/选项:定义分析所用的线性数学模型。

VAR 变量串:指明分析的变量。

WEIGHT 变量名称串:指定权系数变量。

MOD 变量名称串。

DELETE 变量名称串。

PLOT 图形指令串/选项串:用来作散点图,图形指令串界定 X、Y 轴。

PRINT 选项串:打印分析结果。

2. 语句说明

REG 过程格式较为复杂,内容也较多,以上仅列出常见的格式,其中第 1～2 道指令不可省略,一个 REG 中可含多个 MODEL 语句。

PROC REG 选项中主要有:

DATA＝输入数据集(可以是原始数据、相关系数阵、协方差阵、向量乘积和矩阵等 6 种数据类型);

OUTEST＝输出数据集:用于储存所有的参数估计值;

OUTSSCP＝输出数据集:用于储存向量乘积和矩阵;

NOPRINT:所有结果皆不印出,无论是一个,还是多个的 MODEL 语句;

SIMPLE:印出简单的描述性统计值;

ALL:印出所有分析结果;

CORR:印出 MODEL 或 VAR 语句中界定的变量间的相关系数阵。

MODEL 语句主要用来设定线性数学模型,其选项多达 50 余项内容,主要有:

SELECTION＝回归模型分析方法:包括 NONE(内设值,全模型法)、FORWARD(逐个选入法)、BACKWARD(逐个剔除法)、STEPWISE(逐步回归法)、MAXR(最大相关法)、MINR(最小相关法)、RSQUARE(复相关系数平方法)、ADJRSE(调整后的复相关系数平方法)、CP(总平方误差法);

DETAILS:指定逐个选入、逐个剔除及逐步回归中的每一步细节;

INCLUDE＝正整数(如 3):指定 MODEL 语句的前 n(如 3)个自变量,纳入每一个回归模型;

＝正整数(如 5):指示 REG 程序搜寻出一个含 STOP＝个数(如 5)的最优回归方程后即停止；

SLENTRY(或 SLE)＝统计显著水平:用来指定选入变量时的概率水平,逐个选入和逐步回归的内设值分别为 0.5 和 0.15；

SLSNTRY(或 SLS)＝统计显著水平:用来指定剔除变量时的概率水平,逐个剔除和逐步回归的内设值分别为 0.1 和 0.15；

NOINT:指定回归方程中不包括截距；

NOPRINT:不输出 MODEL 指令所界定的分析结果；

XPX:输出$(X'X)$向量的乘积和矩阵；

I:输出$(X'X)$的逆矩阵；

SS1 或 SS2:按各参数统计值的顺序,印出第一或第二型平方和。

STB:输出通径系数；

TOL:输出各参数估计值的容忍量(Tolerance),即$1-R^2$；

VIF:输出容忍量的倒数,称为方差的膨胀值(Variance Inflation)。

COVB:输出参数估计值的协方差阵,即$(X'X)^{-1}S^2$,S^2 为误差项均方。

CORRB:输出$(X'X)^{-1}$ 经标准化后的矩阵；

SEQB:以自变量进入回归方程的先后顺序,输出其对应的参数估计值。

COLLIN:对自变量间的相关程度进行分析；

PCORR1 或 PCORR2:输出由一或二平方和定义的偏相关平方矩阵；

SCORR1 或 SCORR2:输出由一或二平方和定义的半偏相关矩阵；

P:输出原数据、依变量的实际值与预测值以及预测误差的报表；

R:要求对预测误差做进一步分析,其中的 D 值可用来测量每一观察值对参数估计的影响力；

CLM:输出预测值平均数 95％置信区间的上、下限；

CLI:输出各个预测值的 95％置信区间的上、下限。

下面的例题主要采用 CORR 和 REG 两个过程进行分析。

第二节　相关回归分析的 SAS 编程

例 1. 江苏武进区的 3 月下旬至 4 月中旬平均累积温度和一代三化螟盛发期的关系的 9 年(y 以 5 月 10 日为 0)的数据,用统计程序 CORR、REG 进行分析。

表 7.1　旬平均累积温度和水稻一代三化螟盛发期的关系

累积温度(x)	盛发期(y)	累积温度(x)	盛发期(y)	累积温度(x)	盛发期(y)
35.5	12	40.3	2	31.7	13
34.1	16	36.8	7	39.2	9
31.7	9	40.2	3	44.2	−1

【SAS 程序】

```
data ex91;
```

```
input x y @@；
cards；
35.5 12 34.1 16 31.7 9 40.3 2 36.8 7 40.2 3 31.7 13 39.2 9 44.2 −1
;
options ls＝74 ps＝30；
proc corr；
var x y；run；
proc reg；
model y＝x/P cli clm；
run；
options ls＝64 ps＝30；
proc plot data＝ex91 formchar(1 2 7 9)＝'|—＋—'；
plot y＊x＝'＊'；
run；
```

【程序说明】

在数据步中,data ex91 给数据集取名 ex91。input xy @@输入变量 x 和 y,成对横向输入。

在过程步中,options 语句用来控制输出的行宽和每页所占的行数。"ls"设定每行的字符,"ps"设定每页输出行数(本例设定行宽为 74 个字符,每页输出 30 行)。

proc corr 语句指明用相关分析过程。

var 语句指定 x、y 变量参与分析。

proc reg 语句指定进行直线回归分析。

model 语句设定线性数学模型,y＝x 是进行一元线性回归分析:x 是自变量,y 是依变量。

"P cli clm"为除进行一元线性回归分析要计算的基本统计量外,还要求计算出数据集中每一观察值 y 的预测值及其标准误、计算 y 预测值 95％的置信区间、计算 y 总体均数 95％的置信区间、残差。

proc plot 语句指明用数据集 ex91 资料作图,"formchar"定义纵、横坐标符号的位置,以 1～11 的数字表示,用于控制绘图所需的符号。plot 程序中只需界定 1＝纵轴、2＝横轴、7＝中心点、9＝左下角等符号位置即可。'|'表示纵轴线,'—'表示横轴线。

plot y＊x＝'＊'语句指出作 x 和 y 的散点图,'＊'表示观察值坐标点的位置。

【结果显示】

SAS 系统

CORR 过程

2 变量: x y

简单统计量

变量	N	均值	标准偏差	总和	最小值	最大值
x	9	37.07778	4.25199	333.70000	31.70000	44.2000
y	9	7.77778	5.58520	70.00000	−1.00000	16.00000

SAS 系统

CORR 过程

Pearson 相关系数,N＝9

当 H0:Rho＝0 时,Prob＞|r|

相关系数阵

	x	y
x	1.00000	−0.83714
		0.0049
y	−0.83714	1.00000
	0.0049	

r＝−0.83714,Pr＝0.0049＜0.01,说明两变量之间的直线相关关系极显著,且呈负相关。

The REG Procedure(Model:MODEL1)

Dependent Variable:y

Analysis of Variance 回归分析的显著性测验方差分析表

Source	DF	Sum of Squares	Mean Square	F Value	Pr＞F
Model	1	174.88878	174.88878	16.40	0.0049
Error	7	74.66678	10.66668		
Corrected Total	8	249.55556			

(F＝16.40,Pr＝0.0049＜0.01)表明直线回归极显著

Root MSE	3.26599	R-Square	0.7008
Dependent Mean	7.77778	Adj R-Sq	0.6581
Coeff Var	41.99128		

The REG Procedure（Model:MODEL1）

Dependent Variable:y

Parameter Estimates 回归分析的参数估计表

Variable	DF	Parameter Estimate	Standard Error	t Value	Pr＞|t|
Intercept	1	回归截距 48.54932	10.12779	4.79	0.0020
x	1	回归系数 −1.09962	0.27157	−4.05	0.0049

回归截距(Intercept)和回归系数的 t 检验,其 t 值分别为 4.79 和 −4.05,概率分别为 0.0020 和 0.0049,表明都达到极显著水平,所以一元线性回归方程为:$\hat{y}＝48.5493−1.0996x$

The REG Procedure

Model:MODEL1

Dependent Variable:y

Output Statistics

Dependent Variable	Predicted Value	Std Error Mean Predict	95％ CL Mean	95％ CL Predict	Residual (y−$\hat{y}$)

1	12.00	9.5127	1.1699	6.7463	12.2792	1.3093	17.7161	2.4873
2	16.00	11.0522	1.3561	7.8454	14.2590	2.6901	19.4144	4.9478
3	9.00	13.6913	1.8215	9.3840	17.9986	4.8485	22.5341	−4.6913
4	2.00	4.2346	1.3967	0.9318	7.5373	−4.1649	12.6340	−2.2346
5	7.00	8.0832	1.0913	5.5028	10.6637	−0.0593	16.2258	−1.0832
6	3.00	4.3445	1.3799	1.0816	7.6074	−4.0393	12.7284	−1.3445
7	13.00	13.6913	1.8215	9.3840	17.9986	4.8485	22.5341	−0.6913
8	9.00	5.4441	1.2318	2.5314	8.3569	−2.8097	13.6980	3.5559
9	−1.00	−0.0540	2.2195	−5.3023	5.1943	−9.3914	9.2834	−0.9460

	Sum of Residuals		0
	Sum of Squared Residuals		74.66678
	Predicted Residual SS(PRESS)		123.18207

x vs. y socres 散点图

Plot of y * x. Symbol used is '*'.

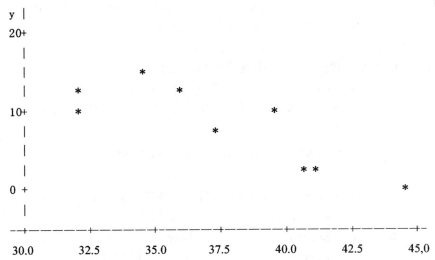

【结果解释】

分析结果输出了 6 个方面内容。

(1)显示资料的基本信息:两变数的容量、平均数、标准差、总和数、最小值和最大值。

(2)给出了相关分析结果:r＝−0.83714,Pr＝0.0049,说明两变量之间的直线相关关系非常密切,且呈负相关。

(3)给出直线回归分析的结果:显著性测验(F＝16.40,Pr＝0.0049)表明直线回归方程有极显著的意义。回归方程的估计标准误 $S_{y/x}$＝3.26599,依变数的平均数 $\overline{y}$＝7.77778,变异系数 cv＝41.99128,决定系数 R^2＝0.7008。为了免于高估两变数之间的相关程度,用 $\overline{R^2}$＝1−$(1−R^2)(n−1)/(n−p−1)$公式计算调整后的相关指数,其中 n 为样本含量,p 为自变数个数,本例是 $\overline{R^2}$＝1−(1−0.7008)(9−1)/(9−1−1)＝0.6581。

（4）回归截距（Intercept）和回归系数的 t 检验：t 值分别为 4.79 和－4.05，概率分别为 0.0020 和 0.0049，表明都达到极显著水平。

（5）给出直线回归方程的区间估计表，具体有 6 项：依次是依变量 y 的观察值、y 的预测值、预测值的标准误、y 总体平均数 95% 置信下限和上限、预测值 95% 置信下限和上限、残差（$y-\hat{y}$）。

（6）x 与 y 的散点图：图中各点几乎成一直线。

例 2. 某试验室用两种方法，经典的燃烧法和简易燃烧法，对相同的样品分别测其碳含量如表 7.2 所示，试分析两法所测含量是否存在线性的相关和回归关系？

表 7.2　不同方法所测得碳含量

经典法	x	1.53	0.87	3.07	6.84	2.15	4.18
简单法	y	2.46	1.54	4.82	9.94	3.68	6.14

【SAS 程序】

```
options nodate nonumber;
data a;
input x y;
cards;
1.53 2.46
0.87 1.54
3.07 4.82
6.84 9.94
2.15 3.68
4.18 6.14
;
options ls＝64 ps＝30;
proc plot formchar(1 2 7 9)＝'｜—＋—';
plot y * x＝'＊';run;
options ls＝78 ps＝100;
proc corr;
var x y;run;
options ls＝78 ps＝30;
proc reg;
model y＝x/r cli clm;
plot(u95. l95. p. ) * x y * x/overlay;
output out＝aaa p＝yhat r＝yresid;
run;
proc plot data＝aaa formchar(1 2 7 9)＝'｜—＋—';
plot yresid * yhat＝'r';
run;
```

【程序说明】

options 语句用来控制输出的行宽和每页所占的行数，ls＝64 表示每行 64 个字符，ps＝20 表示每页 20 行，以下类同。

第一过程：调用 plot 过程绘制点式图，formchar 语句用来控制图表所需的符号，图中纵轴线以'｜'表示，横轴线以'－'表示，观察值坐标点以'＊'表示。

第二过程：调用 corr 过程进行直线相关分析。

第三过程：调用 reg 过程进行直线回归分析。model 中的选项要求进行残差 r（离回归项）分析，cli 要求计算 y 预测值 95％的置信区间，clm 要求计算 y 总体均数 95％的置信区间；plot 语句再次要求绘图，横轴为 x，纵轴分别是 y 预测值 95％置信区间的上、下限，p 为 y 的预测值，overlay 要求将几个图绘在同一个直角坐标系内。

output 语句要求产生一个输出数据集 aaa，依变量 y 的预测值用 yhat 表示，残差用 yresid 表示。

第四过程：调用 plot 过程，利用输出数据集 aaa 绘制残差图，横轴上是 yhat，纵轴为 yresid。绘制该图的目的是判别用直线回归方程拟合本资料是否合适。

【结果显示】

SAS 系统

（1）图：y＊x　使用的符号：'＊'

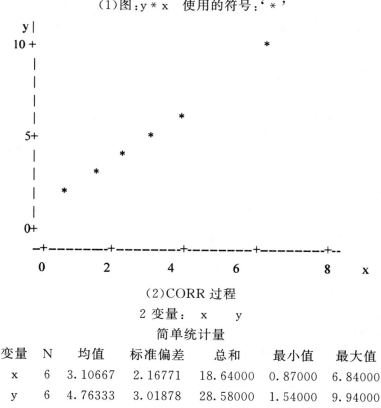

（2）CORR 过程

2 变量：　x　　　y

简单统计量

变量	N	均值	标准偏差	总和	最小值	最大值
x	6	3.10667	2.16771	18.64000	0.87000	6.84000
y	6	4.76333	3.01878	28.58000	1.54000	9.94000

Pearson 相关系数，N＝6

当 H0：Rho＝0 时，Prob＞|r|

	x	y
x	1.00000	0.99878
		<.0001
y	0.99878	1.00000
	<.0001	

（3）The REG Procedure

Model：MODEL1

Dependent Variable：y

Analysis of Variance

Source	DF	Sum of Squares	Mean Square	F Value	Pr>F
Model	1	45.45382	45.45382	1633.36	<.0001
Error	4	0.11131	0.02783		
Corrected Total	5	45.56513			

Root MSE	0.16682	R-Square	0.9976
Dependent Mean	4.76333	Adj R-Sq	0.9969
Coeff Var	3.50213		

Parameter Estimates

Variable	DF	Parameter Estimate	Standard Error	t Value	Pr>|t|
Intercept	1	0.44225	0.12677	3.49	0.0252
x	1	1.39091	0.03442	40.41	<.0001

（4）Output Statistics

Obs	Dependent Variable	Predicted Value	Std Error Mean Predict	95% CL Mean	
1	2.4600	2.5703	0.0871	2.3286	2.8121
2	1.5400	1.6523	0.1028	1.3670	1.9377
3	4.8200	4.7123	0.0681	4.5232	4.9015
4	9.9400	9.9561	0.1454	9.5523	10.3598
5	3.6800	3.4327	0.0756	3.2227	3.6427
6	6.1400	6.2562	0.0775	6.0411	6.4713

Obs	95% CL	Predict	Residual	Std Error Residual	Student Residual	−2−1 0 1 2	Cook's D
1	2.0479	3.0928	−0.1103	0.142	−0.775	| * | |	0.113
2	1.1083	2.1963	−0.1123	0.131	−0.855	| * | |	0.224
3	4.2120	5.2126	0.1077	0.152	0.707	| |* |	0.050
4	9.3416	10.5705	−0.0161	0.0817	−0.196	| | |	0.061

5	2.9241	3.9413	0.2473	0.149	1.663	|	|	***	|	0.358
6	5.7456	6.7669	−0.1162	0.148	−0.787	|	* |		|	0.08

Sum of Residuals   0

Sum of Squared Residuals   0.11131

Predicted Residual SS (PRESS)   0.19583

(5)图:yresid * yhat 使用的符号:'r'

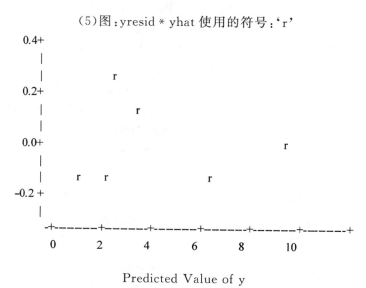

Predicted Value of y

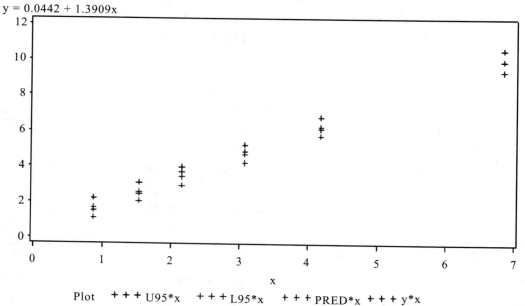

【结果解释】

(1)中是以星号表示的 x 与 y 的点式图:图中各点几乎成一直线,因此,该资料最适进行直线相关与回归的分析。

(2)给出了相关分析的报表:r=0.99878,Pr<.0001,说明两变量之间的直线相关关系非

常密切,且呈强正相关。

(3)给出直线回归分析的结果:显著性检验结果(F=1633.36,Pr<.0001)表明:直线回归方程有极显著的意义。截距(Intercept)的 t 检验结果也达到了 5% 的显著水准,若检验差异不显著,也可在 Model 语句选项中加上 Noint,此时回归方程中将不包括截距项。方差分析表下 Adj R-Sq 为调整后的相关指数。这是为了免于高估而做了调整,其计算公式为:$\overline{R^2}=1-(1-R^2)(n-1)/(n-p-1)$,其中 n 为样本含量,p 为自变量个数。本例为:$\overline{R^2}=1-(1-0.9976)(6-1)/(6-1-1)=0.9970$。

(4)是对直线回归方程进行残差分析的有关计算结果:共有 12 列。依次为:①依变量 y 的观察值。②y 的预测值。③预测值的标准误。④y 总体平均数 95% 置信下限。⑤y 平均数 95% 的置信上限。⑥预测值 95% 置信下限。⑦预测值 95% 置信上限。⑧残差。⑨残差标准误。⑩标准化的残差(=残差/残差的标准误)。⑪标准化的残差图(若⑩中值的绝对值超过 2,将以 4 个"＊"警示,表明该点是可疑的"异常点",应值得关注,本例中的第 5 点需稍加关注)。⑫Cook 的 D 统计量的值,其用途是变量各观察值对预测值的影响力。该值越大表明所对应的观察值影响越大,本例第 5 个观察值应该检查是否为异常值。这种异常值是否由误差造成或其他原因所致。

(5)中的图是残差依预测值变化的残差图,从图中可见,除一个点偏高外,其他点基本在 -0.2～0.2 范围内随机分布,说明所建回归方程是适宜的;下图是基于回归分析所作出的置信带图。8.2 版往上自动以不同颜色绘出散点。其中上下"＋"为 $U95^*$ x 和 $L95^*$ x,预测值与观察值位于中间,它们之间的距离越小,表明估测的越准确,如第 6 个观察值(位于图的右上方)。

习　题

1. CORR、REG 两个过程分别主要用于什么分析?
2. MODEL 语句在回归分析中的主要作用是什么? 它有哪些主要选项?
3. 测得不同浓度的葡萄糖溶液(x,mg/L)在某光电比色计上的消光度(y)如下表,请利用 SAS 系统进行相关和回归分析并对回归关系进行显著性测验,作出该资料的散点图。

x	0	5	10	15	20	25	30
y	0.00	0.11	0.23	0.34	0.46	0.57	0.71

4. 10 头育肥猪的饲料消耗(x)和增重(y)资料如下表(kg)。
(1)画出散点图。
(2)进行直线回归分析。
(3)进行直线相关分析。

x	191	167	194	158	200	179	178	174	170	175
y	33	11	42	24	38	44	38	37	30	35

5. 在一个实验室中,观察雌鼠的年龄(x)与所产仔鼠初生重(y)之间的关系如下,试用等级相关分析其年龄与初生重之间是否存在相关?

不同月龄所生仔鼠的出生重   g

x	12	7	4	9	7	2	9	5	8	4
y	19	13	8	8	12	14	12	10	12	11

第八章
多元分析的SAS过程

本章主要介绍多个变量间数量关系分析的 SAS 过程。当自变量不止一个时,依变量 y 与自变量 x1,x2,…,xp 的回归分析,称为多元回归分析。当只有一个自变量 x,而取 x 的 1,2,…,p 次方为 x1,x2,…,xp 时,y 与 x1,x2,…,xp 的回归分析称作多项式回归分析。类似,当自变量有多个时,y 与自变量的 p 次方及自变量乘积项的回归,也称作多元多项式回归。多元回归分析按回归模型类型可划分为线性回归分析和非线性回归分析。多元线性回归分析要解决的问题是:如何建立一个复回归方程来实现预测及控制? 多项式回归分析要解决的问题是:当自变量与依变量间的曲线关系难以确定时,建立一个适宜的多项式回归方程来逼近或拟合其曲线关系,以达到最佳的拟合效果。

当变量不止两个时,研究变量 x1,x2,…,xp 间的相关分析称为多元相关(偏相关)分析。多元相关分析要解决的问题是:根据变量之间的相关性去假存真,真实揭示各变量之间在数量上的密切程度。根据以上两种分析方法,还可以深入研究自变量对依变量所产生的重要性,即通径分析。

农业和生物学领域试验数据还存在归组的问题。制作频数分布表就是一种简单的归类方法,对于不同的个体需要进行归类来揭示其类群的特征和关系;聚类分析就是对数据做数值分类的一种方法。本章的第四节介绍了利用多个变量进行聚类分析的 SAS 过程。

第一节 多元线性回归分析的 SAS 编程

多元线性回归分析的基本任务包括根据依变量与多个自变量的实际观测值建立依变量对多个自变量的多元线性回归方程;检验、分析各个自变量对依变量的综合线性影响的显著性;检验、分析各个自变量对依变量的单纯线性影响的显著性,选择仅对依变量有显著线性影响的自变量,建立最优多元线性回归方程;评定各个自变量对依变量影响的相对重要性以及测定最优多元线性回归方程的偏离度等。

例 1. 测定丰产 3 号小麦的每株穗数(x1)、每穗结实小穗数(x2)、百粒重(x3)、株高(x4)和每株籽粒产量(y),得结果列于表 8.1,试选择 y 依变量 xi 的最优线性回归方程。

表 8.1　丰产 3 号小麦的每株穗数($x1$)、每穗结实小穗数($x2$)、百粒重($x3$)、株高($x4$)和每株籽粒产量(y)　g

每株穗数($x1$)	每穗结实小穗数($x2$)	百粒重($x3$)	株高($x4$)	每株籽粒产量(y)
10	23	3.6	113	15.7
9	20	3.6	106	14.5
10	22	3.7	111	17.5
13	21	3.7	109	22.5
10	22	3.6	110	15.5
10	23	3.5	103	16.9
8	23	3.3	100	8.6
10	24	3.4	114	17.0
10	20	3.4	104	13.7
10	21	3.4	110	13.4
10	23	3.9	104	20.3
8	21	3.5	109	10.2
6	23	3.2	114	7.4
8	21	3.7	113	11.6
9	22	3.6	105	12.3

【SAS 程序】

```
data ex81；
input x1－x4 y @@；
cards；
    10    23    3.6    113    15.7
     9    20    3.6    106    14.5
    10    22    3.7    111    17.5
    13    21    3.7    109    22.5
    10    22    3.6    110    15.5
    10    23    3.5    103    16.9
     8    23    3.3    100     8.6
    10    24    3.4    114    17.0
    10    20    3.4    104    13.7
    10    21    3.4    110    13.4
    10    23    3.9    104    20.3
     8    21    3.5    109    10.2
     6    23    3.2    114     7.4
     8    21    3.7    113    11.6
```

```
   9   22   3.6   105   12.3
;
proc reg corr;
title '1. backward elimination';
model y=x1-x4/selection=backward sls=0.05;
run;
title '2. forward selection';
model y=x1-x4/selection=forward sle=0.05;run;
title '3. stepwise regression';
model y=x1-x4/selection=stepwise sle=0.05 sls=0.05;
run;
```

【程序说明】

在数据步中,input 语句指明输入 5 个变量,"x1-x4"是 x1,x2,x3,x4 的简化表示法。

在过程步中,proc reg corr 语句指明要做回归和相关分析。

title 语句是标题定义语句,它定义结果输出的标题将会出现在结果输出的第一行。本例 3 个标题定义语句,分别定义建立最优多元线性回归数学模型的方法。在 SAS 系统中,最优多元线性回归模型的建立方法有 9 种,本例采用了 3 种方法:逐个剔除法(backward elimination)、顺向选择法(forward selection)和逐步回归法(stepwise regression)。

model 语句设定线性数学模型,"sls"和"sle"分别定义为剔除和入选时的显著水平。

【结果显示】

The REG Procedure

(1)correlation

Variable	x1	x2	x3	x4	y
x1	1.0000	−0.1357	0.5007	−0.0939	0.8973
x2	−0.1357	1.0000	−0.1489	0.1234	0.0462
x3	0.5007	−0.1489	1.0000	−0.0358	0.6890
x4	−0.0939	0.1234	−0.0358	1.0000	−0.0065
y	0.8973	0.0462	0.6890	−0.0065	1.0000

(2)backward elimination(逐个剔除法)

The REG Procedure Model:MODEL1

Dependent Variable:y

backward elimination:Step 0

All Variables Entered:R-Square=0.9232 and C(p)=5.0000

Analysis of Variance

Source	DF	Sum of Squares	Mean Square	F Value	Pr>F
Model	4	221.47175	55.36794	30.06	<.0001
Error	10	18.41758	1.84176		
Corrected Total	14	239.88933			

117

Parameter Standard

Variable	Estimate	Error	Type II SS	F Value	Pr>F
Intercept	−51.90207	13.35182	27.83051	15.11	0.0030
x1	2.02618	0.27204	102.16813	55.47	<.0001
x2	0.65400	0.30270	8.59720	4.67	0.0561
x3	7.79694	2.33281	20.57408	11.17	0.0075
x4	0.04970	0.08300	0.66032	0.36	0.5626

Bounds on condition number:1.3501,19.045

Backward elimination:Step 1

Variable x4 Removed:R-Square=0.9205 and C(p)=3.3585

Analysis of Variance

Source	DF	Sum of Squares	Mean Square	F Value	Pr>F
Model	3	220.81143	73.60381	42.44	<.0001
Error	11	19.07790	1.73435		
Corrected Total	14	239.88933			

Backward elimination:Step 1

Parameter Standard

Variable	Estimate	Error	Type II SS	F Value	Pr>F
Intercept	−46.96636	10.19262	36.82480	21.23	0.0008
x1	2.01314	0.26314	101.50782	58.53	<.0001
x2	0.67464	0.29183	9.26887	5.34	0.0412
x3	7.83023	2.26313	20.76193	11.97	0.0053

Bounds on condition number:1.3466,11.148

All variables left in the model are significant at the 0.0500 level

Summary of backward elimination

Step	Variable Removed	Number Vars In	Partial R-Square	Model R-Square	C(p)	F Value	Pr>F
1	x4	3	0.0028	0.9205	3.3585	0.36	0.5626

(3)forward selection(顺向选择法)

The REG Procedure Model:MODEL2

Dependent Variable:y

forward selection:Step 1

Variable x1 Entered:R-Square=0.8052 and C(p)=14.3764

Analysis of Variance

Source	DF	Sum of Squares	Mean Square	F Value	Pr>F
Model	1	193. 15219	193. 15219	53. 73	<. 0001
Error	13	46. 73714	3. 59516		
Corrected Total	14	239. 88933			

Variable	Parameter Estimate	Standard Error	Type Ⅱ SS	F Value	Pr>F
Intercept	−8. 06429	3. 11354	24. 11809	6. 71	0. 0224
x1	2. 39762	0. 32711	193. 15219	53. 73	<. 0001

Bounds on condition number:1,1

forward selection:Step 2

Variable x3 Entered:R-Square=0. 8818 and C(p)=6. 3911

Analysis of Variance

Source	DF	Sum of Squares	Mean Square	F Value	Pr>F
Model	2	211. 54256	105. 77128	44. 78	<. 0001
Error	12	28. 34677	2. 36223		
Corrected Total	14	239. 88933			

Variable	Parameter Estimate	Standard Error	Type Ⅱ SS	F Value	Pr>F
Intercept	−30. 01290	8. 26129	31. 17756	13. 20	0. 0034
x1	1. 96965	0. 30632	97. 66880	41. 35	<. 0001
x3	7. 33659	2. 62942	18. 39037	7. 79	0. 0163

Bounds on condition number:1. 3346,5. 3385

forward selection:Step 3

Variable x2 Entered:R-Square=0. 9205 and C(p)=3. 3585

Analysis of Variance

Source	DF	Sum of Squares	Mean Square	F Value	Pr>F
Model	3	220. 81143	73. 60381	42. 44	<. 0001
Error	11	19. 07790	1. 73435		
Corrected Total	14	239. 88933			

Variable	Parameter Estimate	Standard Error	Type Ⅱ SS	F Value	Pr>F
Intercept	−46. 96636	10. 19262	36. 82480	21. 23	0. 0008
x1	2. 01314	0. 26314	101. 50782	58. 53	<. 0001
x2	0. 67464	0. 29183	9. 26887	5. 34	0. 0412
x3	7. 83023	2. 26313	20. 76193	11. 97	0. 0053

Bounds on condition number:1. 3466,11. 148

No other variable met the 0. 5000 significance level for entry into the model.

Summary of forward selection

Step	Variable Entered	Number Vars In	Partial R-Square	Model R-Square	C(p)	F Value	Pr>F
1	x1	1	0.8052	0.8052	14.3764	53.73	<.0001
2	x3	2	0.0767	0.8818	6.3911	7.79	0.0163
3	x2	3	0.0386	0.9205	3.3585	5.34	0.0412

(4)stepwise regression(逐步回归法)

The REG Procedure Model：MODEL3

Dependent Variable：y

stepwise selection：Step 1

Variable x_1 Entered：R-Square＝0.8052 and C(p)＝14.3764

Analysis of Variance

Source	DF	Sum of Squares	Mean Square	F Value	Pr>F
Model	1	193.15219	193.15219	53.73	<.0001
Error	13	46.73714	3.59516		
Corrected Total	14	239.88933			

Variable	Parameter Estimate	Standard Error	Type II SS	F Value	Pr>F
Intercept	−8.06429	3.11354	24.11809	6.71	0.0224
x1	2.39762	0.32711	193.15219	53.73	<.0001

Bounds on condition number：1,1

stepwise selection：Step 2

Variable x_3 Entered：R-Square＝0.8818 and C(p)＝6.3911

Analysis of Variance

Source	DF	Sum of Squares	Mean Square	F Value	Pr>F
Model	2	211.54256	105.77128	44.78	<.0001
Error	12	28.34677	2.36223		
Corrected Total	14	239.88933			

Variable	Parameter Estimate	Standard Error	Type II SS	F Value	Pr>F
Intercept	−30.01290	8.26129	31.17756	13.20	0.0034
x1	1.96965	0.30632	97.66880	41.35	<.0001
x3	7.33659	2.62942	18.39037	7.79	0.0163

Bounds on condition number：1.3346,5.3385

stepwise selection：Step 3

Variable x_2 Entered：R-Square＝0.9205 and C(p)＝3.3585

Analysis of Variance

Source	DF	Sum of Squares	Mean Square	F Value	Pr＞F
Model	3	220.81143	73.60381	42.44	＜.0001
Error	11	19.07790	1.73435		
Corrected Total	14	239.88933			

Variable	Parameter Estimate	Standard Error	Type Ⅱ SS	F Value	Pr＞F
Intercept	−46.96636	10.19262	36.82480	21.23	0.0008
x1	2.01314	0.26314	101.50782	58.53	＜.0001
x2	0.67464	0.29183	9.26887	5.34	0.0412
x3	7.83023	2.26313	20.76193	11.97	0.0053

Bounds on condition number：1.3466，11.148

All variables left in the model are significant at the 0.0500 level.

No other variable met the 0.1500 significance level for entry into the model.

Summary of stepwise selection

Step	Variable Entered	Number Vars In	Partial R-Square	Model R-Square	C(p)	F Value	Pr＞F
1	x1	1	0.8052	0.8052	14.3764	53.73	＜.0001
2	x3	2	0.0767	0.8818	6.3911	7.79	0.0163
3	x2	3	0.0386	0.9205	3.3585	5.34	0.0412

【结果解释】

分析结果输出 4 个方面的内容：

(1)显示 x1、x2、x3、x4 与 y,5 个变量间的简单相关系数阵。

(2)逐个剔除法(backward elimination)信息量：首先配合全模型(Step 0),然后逐个剔除对依变量 y 影响最小且不显著的自变量,直至在模型中的变量皆达显著水平。由于该法剔除某变量后,不再考虑此前被剔除过的变量是否又变为显著,变量一经剔除即不再进入模型。本例第一步(Step 1)剔除 x4 后,留在模型中的 x1、x2、x3 都在 0.05 的显著水平上,故无其他变量可被剔除。所建立的三元线性回归方程为 $\hat{y} = -46.96636 + 2.01314x1 + 0.67464x2 + 7.83023x3$,回归方程检验结果：$F=42.44,Pr<.0001,R^2=0.9205$,表明回归方程有极显著的意义。

(3)顺向选择法(forward selection)信息量：首先对依变量 y 影响最大的且达显著水平的自变量 x1 选入,建立一元线性回归方程 $\hat{y} = -8.06429 + 2.39762x1$;然后逐步选入剩余变量中对 y 影响最大且达显著水平的自变量,第二步选入 x3,第三步选入 x2,直至所有具有显著变量皆选入模型。由于该法不考虑选入新变量后,原先选入的变量是否会成为不显著,变量一经选入,即被保留在模型中。本例三元线性回归方程及其方程测验结果与逐个剔除法相同。

（4）逐步回归法（stepwise regression）信息量：首先建立对 y 影响最大的且达显著水平的自变量 x1 的一元线性回归方程 $\hat{y} = -8.06429 + 2.39762x1$；然后逐步引入其他自变量中对 y 影响最大且达显著水平的自变量，但当引入新变量后还要对模型中已选入的变量进行检验，不显著的予以剔除，如此反复以上过程，直至引入模型的变量都显著，余下来的变量都是不显著的。在本例逐步回归分析中，第一步引入 x1，第二步引入 x3 后经检验都是显著的，没有被剔除的自变量，第三步引入 x2 后，经测验都是显著的也没有被剔除的自变量，余下 x4 经测验无法被引入模型中，最终建立了三元线性回归方程，结果与逐个剔除法、顺向选择法相同。

第二节 多元相关和偏相关的 SAS 编程

多个相关变量间的关系较为复杂。任何两个变量间常常存在不同程度的简单相关关系，但是这种相关关系又包含有其他变量的影响。简单相关分析，即直线相关分析没有考虑其他变量对这两个变量的影响，简单相关分析实际上并不能真实反映两个相关变量间的相关关系。而只有消除了其他变量的影响之后，研究两个变量间的相关性，才能真实地反映这两个变量间相关的性质与密切程度。偏相关分析就是固定其他变量不变而研究某两个变量间相关性的统计分析方法。

例 2. 用表 8.1 的资料进行多元相关和偏相关分析。

【SAS 程序】

```
data ex81；
input x1－x4 y @@；
cards；
```

10	23	3.6	113	15.7
9	20	3.6	106	14.5
10	22	3.7	111	17.5
13	21	3.7	109	22.5
10	22	3.6	110	15.5
10	23	3.5	103	16.9
8	23	3.3	100	8.6
10	24	3.4	114	17.0
10	20	3.4	104	13.7
10	21	3.4	110	13.4
10	23	3.9	104	20.3
8	21	3.5	109	10.2
6	23	3.2	114	7.4
8	21	3.7	113	11.6
9	22	3.6	105	12.3

```
；
proc corr nosimple；
```

```
var x1 x2 x3 x4 y;run;
proc corr nosimple;
var x1 y;
partial x2 x3 x4;run;
proc corr nosimple;
var x2 y;
partial x1 x3 x4;run;
proc corr nosimple;
var x3 y;
partial x1 x2 x4;run;
proc corr nosimple;
var x4 y;
partial x1 x2 x3;run;
proc corr nosimple;
var x1 x2;
partial x3 x4 y;run;
proc corr nosimple;
var x1 x3;
partial x2 x4 y;run;
proc corr nosimple;
var x1 x4;
partial x2 x3 y;run;
proc corr nosimple;
var x2 x3;
partial x1 x4 y;run;
proc corr nosimple;
var x2 x4;
partial x1 x3 y;run;
proc corr nosimple;
var x3 x4;
partial x1 x2 y;run;
```

【程序说明】

在过程步中,proc corr 语句表示要进行相关分析,"nosimple"指出不需显示变量的基本信息量(容量、平均数、标准差、总和数、最小值和最大值)。

var 语句指定参与分析的变量。

partial 语句指明保持固定的变量。

在 proc corr 过程格式中只能使用一个 partial 语句,因此该例中有 5 个性状,即有 10 个偏相关系数,调用 10 个 proc corr 语句。

【结果显示】

Pearson Correlation Coefficients, N＝15

Prob＞|r| under H0：Rho＝0

	x1	x2	x3	x4	y
x1	1.00000	−0.13574	0.50073	−0.09391	0.89731
		0.6296	0.0573	0.7392	＜.0001
x2	−0.13574	1.00000	−0.14889	0.12339	0.04619
	0.6296		0.5964	0.6613	0.8702
x3	0.50073	−0.14889	1.00000	−0.03583	0.68898
	0.0573	0.5964		0.8991	0.0045
x4	−0.09391	0.12339	−0.03583	1.00000	−0.00651
	0.7392	0.6613	0.8991		0.9816

Pearson Partial Correlation Coefficients, N＝15

Prob＞|r| under H0：Partial Rho＝0

	x1	x2	x3	x4	y
x1	1.00000	−0.53916	−0.53684	−0.20199	0.92047
		0.0705	0.0719	0.5290	＜.0001
x2	0.5396	1.00000	−0.46450	−0.01254	0.56413
	0.0705		0.1283	0.9692	0.0561
x3	0.53684	0.46450	1.00000	−0.11905	0.7264
	0.0719	0.1283		0.7125	0.0075
x4	0.20199	0.01254	0.11905	1.0000	0.18604
	0.5290	0.9692	0.7125		0.5626

【结果解释】

分析结果输出以下 2 个方面的内容。

(1)显示 x1、x2、x3、x4 与 y,5 个变数间的简单相关系数阵和测验结果。

(2)显示 x1、x2、x3、x4 与 y,5 个变数间的偏相关系数阵和测验结果。

第三节 通径分析的 SAS 编程

在研究多个变量之间线性关系时,除可以采用多元线性回归分析和偏相关分析外,还可以采用通径分析。这种分析方法已被广泛应用于动植物遗传育种和作物栽培的研究工作,也用于其他领域。编写通径分析和多项式回归分析的程序主要调用相关与回归分析的 SAS 过程。

一、全模型通径分析法的 SAS 编程

全模型通径分析法的 SAS 编程(全部变量一起分析,最后进行显著性检验,去掉不显著的自变量)。

例 3. 自变量为干球温度(x1)、湿球温度(x2)、露点温度(x3)、相对湿度(x4),依变量为周平均产量率(y),共 5 个相关变量,着重分析各原因与结果间(y)的详细关系。各变量间的相关

系数见表 8.2。

表 8.2　变量间的相关系数 rij

	x2	x3	x4	y
x1	0.9944	0.9312	0.2287	0.7910
x2		0.9642	0.3275	0.7325
x3			0.5557	0.5615
x4				−0.2648

【SAS 程序】

```
data p31(type=corr);
input _type_ $ _name_ $ x1−x4 y;
cards;
corr  x1  1.0000  0.9944  0.9312  0.2287  0.7910
corr  x2  0.9944  1.0000  0.9642  0.3275  0.7325
corr  x3  0.9312  0.9642  1.0000  0.5557  0.5615
corr  x4  0.2287  0.3275  0.5557  1.0000  −0.2648
corr  y   0.7910  0.7325  0.5615  −0.2648  1.0000
n     df  12      12      12      12      12
;

proc reg;
model y=x1−x4;
run;
```

【程序说明】

本程序分析的数据类型为简单相关系数阵(type=corr),相关系数阵下面的 n df 和 12 表示每个变量都有 12 个观察值,用来进行自由度的计算。

【结果显示】

The SAS System

The REG Procedure

Model:MODEL1

Dependent Variable:y

Analysis of Variance

Source	DF	Sum of Squares	Mean Square	F Value	Pr>F
Model	4	10.57857	2.64464	43.93	<.0001
Error	7	0.42143	0.06020		
Corrected Total	11	11.00000			

Root MSE	0.24536	R-Square	0.9617
Dependent Mean	0	Adj R-Sq	0.9398
Coeff Var			

Parameter Estimates

Variable	DF	Parameter Estimate	Standard Error	t Value	Pr>|t|
Intercept	1	0	0.07083	0.00	1.0000
x1	1	23.36246	4.87867	4.79	0.0020
x2	1	−27.17561	6.21171	−4.37	0.0033
x3	1	4.60015	1.61094	2.86	0.0245
x4	1	0.73591	0.32809	2.24	0.0598

【结果解释】

经 t 检验 x4 的通经系数不显著,x1、x2、x3 的通径系数都显著。当增加干球温度(x1)和露点温度(x3),降低湿球温度(x2)时,周平均产量率(y)就会得到提高。

二、逐步通径分析法的 SAS 编程

对表 8.2 中资料采用逐步通径分析法进行分析。

【SAS 程序】

```
data p31(type=corr);
input _type_ $ _name_ $ x1－x4 y;
cards;
corr  x1   1.0000    0.9944    0.9312    0.2287    0.7910
corr  x2   0.9944    1.0000    0.9642    0.3275    0.7325
corr  x3   0.9312    0.9642    1.0000    0.5557    0.5615
corr  x4   0.2287    0.3275    0.5557    1.0000   −0.2648
corr  y    0.7910    0.7325    0.5615   −0.2648    1.0000
n     df   12        12        12        12        12

;
proc reg;
model y＝x1－x4/selection=stepwise sls=.05 sle=.05;
run;
```

【程序说明】

本程序分析的数据类型为简单相关系数阵(type=corr)。

【结果显示】

The SAS System

The REG Procedure

Model:MODEL1

Dependent Variable：y

Stepwise Selection：Step 1

Variable x1 Entered：R-Square＝0. 6257 and C(p)＝60. 3930

Analysis of Variance

Source	DF	Sum of Squares	Mean Square	F Value	Pr＞F
Model	1	6. 88249	6. 88249	16. 72	0. 0022
Error	10	4. 11751	0. 41175		
Corrected Total	11	11. 00000			

Variable	Parameter Estimate	Standard Error	Type Ⅱ SS	F Value	Pr＞F
Intercept	0	0. 18524	0	0. 00	1. 0000
x1	0. 79100	0. 19347	6. 88249	16. 72	0. 0022

Bounds on condition number：1，1

Stepwise Selection：Step 2

Variable x2 Entered：R-Square＝0. 8875 and C(p)＝14. 5643

Analysis of Variance

Source	DF	Sum of Squares	Mean Square	F Value	Pr＞F
Model	2	9. 76195	4. 88098	35. 48	＜. 0001
Error	9	1. 23805	0. 13756		
Corrected Total	11	11. 00000			

The SAS System

The REG Procedure

Model：MODEL1

Dependent Variable：y

Stepwise Selection：Step 2

Variable	Parameter Estimate	Standard Error	Type Ⅱ SS	F Value	Pr＞F
Intercept	0	0. 10707	0	0. 00	1. 0000
x1	5. 60516	1. 05816	3. 85984	28. 06	0. 0005
x2	−4. 84127	1. 05816	2. 87946	20. 93	0. 0013

Bounds on condition number：89. 536，358. 15

Stepwise Selection：Step 3

Variable x3 Entered：R-Square＝0. 9342 and C(p)＝8. 031

Analysis of Variance

Source	DF	Sum of Squares	Mean Square	F Value	Pr>F
Model	3	10.27568	3.42523	37.83	<.0001
Error	8	0.72432	0.09054		
Corrected Total	11	11.00000			

Variable	Estimate	Parameter Error	Standard Type II SS	F Value	Pr>F
Intercept	0	0.08686	0	0.00	1.0000
x1	17.22957	4.95497	1.09473	12.09	0.0084
x2	−20.93605	6.81106	0.85546	9.45	0.0153
x3	4.70386	1.97473	0.51373	5.67	0.0444

Bounds on condition number:5636.2,27278

All variables left in the model are significant at the 0.0500 level.

No other variable met the 0.0500 significance level for entry into the model.

The SAS System

The REG Procedure

Model:MODEL1

Dependent Variable:y

Summary of Stepwise Selection

Step	Variable Entered	Number Vars In	Partial R-Square	Model R-Square	C(p)	F Value	Pr>F
1	x1	1	0.6257	0.6257	60.3930	16.72	
2	x2	2	0.2618	0.8875	14.5643	20.93	
3	x3	3	0.0467	0.9342	8.0311	5.67	

The SAS System

The REG Procedure

Model:MODEL1

Dependent Variable:y

Analysis of Variance

Source	DF	Sum of Squares	Mean Square	F Value	Pr>F
Model	3	10.27568	3.42523	37.83	<.0001
Error	8	0.72432	0.09054		
Corrected Total	11	11.00000			

Root MSE	0.30090	R-Square	0.9342
Dependent Mean	0	Adj R-Sq	0.9095
Coeff Var			

【结果解释】

逐步回归分析法和全模型法比较:在全模型法中没有设定显著水平,4 个自变量全部被选入,但在 t 检验中 x4 的概率为 0.0598,为不显著;在逐步回归分析法中设定了显著水平为 0.05,只选进了 3 个自变量,这样它们的结果也不一样。在全模型法中,x1、x2 的通径系数的绝对值都大于在逐步回归分析法中的通径系数的绝对值,且显著性也较高(概率 Pr 较小),说明 x4 对 x1、x2 的直接作用有促进作用,而对 x3 则有抑制作用,所以当逐步回归分析法中没有选入 x4 时,结果也就发生了变化。

逐步回归分析法结果

Variable	Parameter Estimate	Standard Error	Type Ⅱ SS	F Value	Pr>F
Intercept	0	0.08686	0	0.00	1.0000
x1	17.22957	4.95497	1.09473	12.09	0.0084
x2	−20.93605	6.81106	0.85546	9.45	0.0153
x3	4.70386	1.97473	0.51373	5.67	0.0444

全模型法分析结果

Variable	DF	Parameter Estimate	Standard Error	t Value	Pr>|t|
Intercept	1	0	0.07083	0.00	1.0000
x1	1	23.36246	4.87867	4.79	0.0020
x2	1	−27.17561	6.21171	−4.37	0.0033
x3	1	4.60015	1.61094	2.86	0.0245
x4	1	0.73591	0.32809	2.24	0.0598

第四节　聚类分析的 SAS 编程

一、概述

聚类分析(cluster analysis)是将一批样本按其考察诸指标的亲疏程度进行分类。分类的依据是样本间的距离系数或相似系数。距离系数一般用于样本的分类,相似系数一般用于变量的分类。聚类方法常用的有系统聚类法、动态聚类法等。

1. 系统聚类法

该法是按样本指标(变量)的距离定义类间距离。首先将 n 个样本(或指标)分成 n 类,每个样本自成一类;然后每次将两类距离最小的样本合并为一新类,重新计算新类与其他类间的距离,如此反复进行,直到所有样本合并为一类;最后结果用聚类图展现(谱系图),由该图可直观方便地进行分类。

2. 动态聚类法

首先将 n 个样本(或变量)初分为若干类;然后用某种最优准则进行调整,并不断地进行调整,直至不能调整。

二、聚类分析的 SAS 过程

1. CLUSTER 过程

该过程为系统聚类过程,是以数据间的距离或相似系数为聚类的根据。

过程格式:

PROC CLUSTER 选项串。

VAR 变量名称串:指明资料中用作聚类分析的变量名称。

COPY 变量名称串:指明将输入文件的变量复印到输出资料文件中。

FREQ 变量名称:指明样本(个体)重复出现的次数。

RMSSTQ 变量名称:指明代表标准差的变量名字,须与 FREQ 语句合用。

语句说明:

PROC CLUSTER 的选项有:

    DATA＝输入文件名称。

    OUTTREE＝输出文件名称,以供制作树形图。

    METHOD＝一种算法,一个 CLUSTER 过程只能含一个 METHOD＝算法。其算法有 11 种:M＝AVE(类平均法)、M＝CEN(重心法)、M＝COM(最长距离法)、M＝DEN(非参概率密度法)、M＝EML(最大似然法)、M＝FLE(可变距离法)、M＝MCQ(马氏法)、M＝MED(中间距离法)、M＝SIN(最短距离法)、M＝TWO(双连法)、M＝WAR(离差平方法)。

    NONORM,阻止数据被标准化,当 M＝WAR 时,可阻止类间平方和被总平方和正态化。当 M＝DEN、EML、TWO 时,该选项无效。

    NOSQUARE,当 M＝CEN、MED、WAR 时,阻止数据点间的欧氏距离被平方。

    PSECLDO,输出近似的 F 值(PSF)和 t^2(PST2)值。PSF 出现峰值所对应的分类数较为合适。PST2 出现峰值的前一行所对应的分类数较为合适。

    CCC,要求输出聚类判别数据的立方(cubic clustering criterion),以及在均等分布无效假设下近似的期望值 R^2,该值越大,所对应聚类的数目越正确。PSECLDO 和 CCC 都是用于判别资料聚成几类合适的统计量。

    S,输出描述性统计值。

    TRIM＝P,用来剔除数据中过于分散的劣值数据。

    STANDARD 将变量标准化,使其平均数为 0,标准差为 1,等等。

2. FASTCLUS 过程

该过程为动态聚类过程,其聚类是相互排斥的,即一个数据只能属于一个类别,适用于大样本分析。

过程格式:

PROC FASTCLUS 选项串。

VAR 变量名称串。

ID 变量名称。

FREQ 变量名称。

WEIGHT 变量名称。

语句说明：

PROC FASTCLUS 语句的选项有：

界定输入、输出文件：①DATA＝输入文件名称。②SEED＝输入文件名称，其中含有初始中心点，而无原始数据。③OUT＝输出文件名称，含有输入文件的数据等。④MEAN＝输出文件名称，含有聚类的平均数和其他统计量等。

控制聚类的初始中心点：①MAXC＝正整数，界定聚类数目的最大值，内设值为100。②RADIUS＝正实数，选择新中心点最短距离，当选用 REPLACE＝RANDOM 时，该选项失效。③REPLACE＝FULL/PART/NONE/RANDOM，界定聚类中心点的取代方式，为 FULL 时，中心点的取代由以上①、②选项决定；为 PART 时，则当数据点和任何一个中心点的距离必须大于任何两个现存中心点的距离时，初选的中心点会被取代；为 NONE 时，初选中心点不被取代；为 RANDOM 时，SAS 会选择一组随机数点为聚类的初选中心点。

控制中心点的最后决定：①DRIFT，每处理一个观察值，即当前类的平均距离，替换上次聚类的中心点。聚类中心是"漂流"的，是不断变化的。②MAXITER＝正整数，界定重复计算聚类中心点所需的最大迭代次数（内设值为1）。③CONV＝n，为收敛标准，与②并用，内设值为0.02。④STRICT＝正整数，设定一个距离准则，若某一个数据点与它最邻近聚类中心点的距离超过该准则，该数据不能归到任一现存的聚类中，该类数据将全归于另一聚类中。

SHORT、SUMMARY 选项要求不输出更多的统计值。VARDEF＝N/DF，界定计算方差或协方差时的分母等。

FREQ 语句同上述。

WEIGHT 语句的功能与 FREQ 相同。

3. VARCLUS 过程

该过程根据相关阵或协差阵进行系统聚类或动态聚类，类的划分是通过计算每类第一主成分或重心的最大方差而确定。当为相关阵时，所有变量平等；当为协差阵时，具有较大方差的变量较为重要。该过程还可以通过输出数据文件，由 SCORE 过程算出每类的得分。

过程格式：

PROC VARCLUS 选项串。

VAR 变量名称串。

SEED 变量名称串。

PARTIAL 变量名称串。

WEIGHT 变量名称。

FREQ 变量名称。

语句说明：

PROC VARCLUS 语句的选项有：

界定文件名称：①DATA＝输入数据文件名称，可以是原始数据或 TYPE＝CORR、COV 或 FACTOR 类型的数据。②OUTSTAT＝输出文件名称，含有平均数、标准差、相关系数、类得分及聚类结构。③OUTTREE＝输出文件名称，供 TREE 过程调用。

控制输出的选项：①S，输出平均数与标准差。②C，输出相关系数阵。③SHORT，阻止类结构、得分等输出。④SUMMARY，除总结论表外，不输出其他资料。⑤TRACE，输出每一循环过程中各变量所聚的类。

控制聚类数目的选项：① MINC＝正整数，指明最小聚类的个数，内设值为 1。②MAXC＝正整数，指明最大聚类的个数，内设值为所有变量的个数。③PERCENT＝正有理数，界定聚类主成分所能解释方差的百分比。④MAXEIGEN＝正实数，界定每一类内第二特征值的最大可能值。原始数据类型内设值为 0，相关阵类型为 1，协差阵类型为各变量方差的平均值。该选项不能与 CENTROID 选项合用。

控制聚类方法的选项：①CENTROID，重心法。②MAXITER＝正整数，界定分析过程中最大的迭代次数，内设值为 10，中心法为 1。③MAXSEARCH＝正整数，界定搜索阶段的最大迭代次数，内设值为 0，重心法为 10。④HI，界定系统聚类法，省略时用动态聚类法。⑤COV，用协差阵聚类。⑥VARDEF＝DF，界定计算方差或协方差的分母。

VAR 语句界定参与分析的变量名称。

SEED 语句界定各聚类的起始点。

PARTIAL 语句指明用偏相关阵进行聚类。

WEIGHT、FREQ 语句同上述。

4. TREE 过程

该过程是利用 CLUSTER 和 VARCLUS 过程生成的数据集，绘制树形图。树形图的根（ROOT）指树形图最顶端那个包括所有变量（或观察个体）的最大的类。树叶（LEAVES）指类内各变量或各观察个体。分枝（BRANCH）是指除根外任何含两个或两个以上变量（个体）的类。节点（NODE）是根、叶及分枝的统称。父（PARENT）是指两个或两个以上类的合集。子（CHILDREN）是构成上述联集的类。

过程格式：

PROC TREE 选项串。

NAME 变量名称要求为树节点命名。

PARENT 变量名称为树节点中属于父的类命名。

ID 变量名称用来识别报表上树形图的树叶。

COPY 变量名称串用来指明一组变量复印在输出文件内。

FREQ 变量名称。

语句说明：

PROC TREE 语句指明调用绘制聚类图过程，其选项有：

DATA＝输入文件名称。

OUT＝输出文件名称。

HEIGHT＝N/H/M/R/L，界定树形图上纵轴的单位。为 N 时，表示树形图上每一节点（层次）的聚类个数，单位是等距的。为 H 时，由-HEIGHT-变量而来，由输入文件提供；为 M 时，由-MODE-变量而来，表示聚类的中心点；为 R 时，由-RSQE-变量而来，表示聚类内可解释方差的百分比；为 L 时，聚类形成前必经的父的个数。

LEVEL＝正整数，与 HEIGHT 合用，指明树形图的层次。

LIST，印出所有的树节点，即父、子及根。

LC＝'字母'，缺省为"."，指明用一个英文字母代表树叶。

TC＝'字母'，指明用一个英文字母代表树节点，内设值为"×"。

JC＝'字母'，指明用一个英文字母代表两片树叶的联集，内设值为"×"。

FC＝'字母'，指明用一个英文字母代表叶与叶之间的空隙，内设值为空白。

　　HOR，要求将树形图横印。

　　MINH、MAXH，界定纵轴最小、最大值。

　　PAGES＝正整数，界定整个树形图的长度。

　　例 4. 1980 年北京农业大学在研究高营养玉米杂交种中，对 12 个 O_2 杂交种（第 1～12 个）和两个普通玉米杂交种（第 13 个和第 14 个）共 14 个杂交种玉米观察了 10 项指标 x1（平均亩产量 500 g）、x2（穗长 cm）、x3（穗行数）、x4（行粒数）、x5（穗粒重 50 g）、x6（出籽率％）、x7（千粒重 g）、x8（蛋白质％）、x9（赖氨酸全籽粒％）、x10（赖氨酸 100 g 蛋白质）。得观察数据如下，应用最短距离法对 14 个玉米杂交种进行系统聚类分析。

【SAS 程序】

```
options nodate nonumber;
data li17a;
input x1－x10;
cards;
947.0   23.4   14.8   45.3   0.46   85.2   373   9.54   0.37   3.88
935.0   23.2   16.2   41.7   0.40   83.3   305   7.90   0.38   4.81
918.2   20.9   14.8   43.3   0.38   82.6   320   9.51   0.43   4.52
910.7   23.4   16.1   44.0   0.46   85.2   338   8.60   0.33   3.84
905.0   22.9   17.0   39.8   0.45   80.4   348   9.53   0.42   4.40
890.6   22.3   15.7   44.0   0.41   85.4   286   8.67   0.39   4.50
853.4   20.9   15.9   41.6   0.35   85.4   273   9.79   0.42   4.29
837.8   20.2   14.4   37.3   0.33   82.5   326   7.62   0.36   4.73
833.3   22.2   15.2   38.3   0.37   82.2   310   7.84   0.40   5.10
760.9   20.4   15.5   40.7   0.32   84.2   268   7.75   0.35   4.52
760.3   20.8   15.1   44.8   0.35   79.5   273   8.91   0.45   5.05
742.5   23.4   14.7   43.1   0.35   79.5   310   9.18   0.40   4.36
936.3   22.4   12.7   37.6   0.44   84.6   431   10.38   0.28   2.70
801.0   20.9   13.8   39.5   0.38   79.2   378   8.50   0.26   3.06
;
proc cluster standard m＝SIN nonorm nosquare
    out＝tree;var x1－x10;
proc tree data＝tree spaces＝1;run;
```

【程序说明】

　　在过程步中，第一过程调用 cluster 进行样本聚类分析，选项中指明对各指标进行标准化处理（standard）、定义距离的计算方法为最短距离法（m＝SIN）、要求阻止类间距离被正态化成为均数为 0 或方差为 1（nonorm）、要求阻止数据点间的距离被平方（nosquare）。out＝tree 要求产生名为 tree 的输出文件，用于 tree 过程产生的聚类图。在第二过程步中调用 tree 过程，打印出各观察个体间的聚类图。

【结果显示】

(1)The SAS System

The CLUSTER Procedure

Single Linkage Cluster Analysis

Eigenvalue of the Correlation Matrix

	相关阵的特征值	相邻值的差值	各特征值占总方差百分比	累计百分比
	Eigenvalue	Difference	Proportion	Cumulative
1	3.92790530	1.31242463	0.3928	0.3928
2	2.61548067	1.46744772	0.2615	0.6543
3	1.14803295	0.22010545	0.1148	0.7691
4	0.92792750	0.25267218	0.0928	0.8619
5	0.67525532	0.33665802	0.0675	0.9295
6	0.33859730	0.05030217	0.0339	0.9633
7	0.28829513	0.22877974	0.0288	0.9921
8	0.05951539	0.04140321	0.0060	0.9981
9	0.01811218	0.01723393	0.0018	0.9999
10	0.00087826		0.0001	1.0000

The data have been standardized to mean 0 and variance 1

Root-Mean-Square Total-Sample Standard Deviation＝1

(2)Cluster History

聚类数	每次聚成新类的 2 个个体		新类中所含的个体数	
NCL	---Clusters Joined---		FREQ	Mindist 两个体或类间的最短距离
13	OB2	OB6	2	1.9814
12	OB1	OB4	2	2.057
11	OB8	OB9	2	2.2556
10	OB3	OB7	2	2.3103
9	CL12	CL13	4	2.3374
8	CL9	CL10	6	2.4629
7	CL8	CL11	8	2.4659
6	CL7	OB10	9	2.4669
5	OB11	OB12	2	2.7761
4	CL6	OB5	10	3.0372
3	CL4	CL5	12	3.106
2	CL3	OB14	13	4.0018
1	CL2	OB13	14	4.4711

(3)第 2 过程 TREE 产生的聚类图(图 8.1)

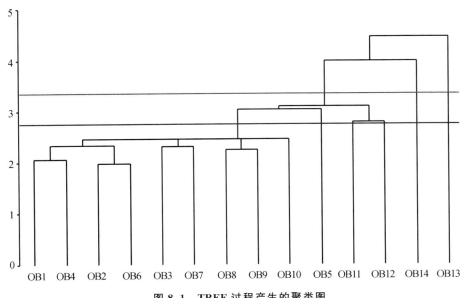

图 8.1　TREE 过程产生的聚类图

【结果解释】

(1)在样本聚类分析产生的第 1 个结果中,各列依次为相关阵的特征值、相邻值的差值、各特征值占总方差的百分比(贡献率)及累计百分比。

(2)中为 14 个观察个体(样本)依次聚成 14—1 类的分析结果。其中 NCL 为聚类数。Clusters Joined 为每次聚成新类的 2 个个体(OB)或旧类(CL),例如,开始时,14 个个体各自成一类,共 14 类,经一次运算后,2 号个体和 6 号个体合并成一个新类,记为 CL13,因此,14 类聚为 13 类,依此类推,直至聚成一类 CL1 为止。FREQ 为新类中所含的个体数。Mindist 为两个体或类间的最短距离。

(3)第 2 过程 TREE 产生的聚类图。确定多少类应要结合专业知识、经验和实际效果确定类间的距离界限或阈值 T。当类间距离大于阈值 T 时,则分为不同的类;当类间距离小于阈值 T 时,则视为同类。

本例如果定阈值 T=3.5,则 14 个样品可以分为三类:第一类包括 2 号杂交种、6 号杂交种、4 号杂交种、1 号杂交种、3 号杂交种、7 号杂交种、8 号杂交种、9 号杂交种、10 号杂交种、5 号杂交种、11 号杂交种和 12 号杂交种;第二类为 14 号杂交种;第三类为 13 号杂交种,即当 T=3.5 时,所有 12 个 O_2 型玉米杂交种聚为一类,另外两个对照的普通玉米杂交种各自为一类。

如果 T=2.9,则 14 个品种被分为五类,即

第一类:2,6,4,1,3,7,8,9,10;

第二类:5;

第三类:11,12;

第四类:14;

第五类:13。

如果 T=3.1,则 14 个杂交种被分为四类,即

第一类:2,6,4,1,3,7,8,9,10,5;

第二类:11,12;

第三类:14;

第四类:13。

由上可以看出,为阈值 T 取不同值时,分类不同。从上述几种不同的分类看,O_2 型玉米杂交种与普通玉米杂交种的差异总是分在不同的类中。

第五节 多项式回归分析的 SAS 编程

研究一个依变量与一个或多个自变量间多项式的回归分析方法,称为多项式回归。如果自变量只有一个,称为一元多项式回归;如果自变量有多个,称为多元多项式回归。多项式回归可以处理相当一类非线性问题,它在回归分析中占有重要的地位。多项式回归分析实质是化为多元线性回归分析进行,所以调用回归分析程序 reg 即可。

例 5. 有一组资料如表 8.3 所列,其散点图如图 8.2 所示,试配置一个多项式回归方程。

表 8.3 x 与 y 的资料

x	y	x	y	x	y	x	y
0	1	2	4	7	7	8	5
1	2	4	6	6	6	10	3

【SAS 程序】

```
data p51;
input x y @@;
x2=x*x;x3=x2*x;
cards;
0 1 1 2 2 4 4 6 7 7 6 6 8 5 10 3
;
options ls=64 ps=25;
proc plot formchar(1 2 7 9)='|—+—';
plot y*x='*';run;
options ls=78 ps=30;
proc reg;model y=x;run;
proc reg;model y=x x2;run;
proc reg;model y=x x2 x3/ss1;run;
```

【程序说明】

三次调用 reg 程序,对 x 分别进行一次线性回归分析、二次多项式回归分析、三次多项式回归分析。选择几次多项式回归分析的标准:①各项显著性测验均应达显著或极显著;② 决定系数 R-Square 最大;③标准误差 Root MSE 最小。

【结果显示】

The SAS System

Plot of y * x. Symbol used is ' * '.

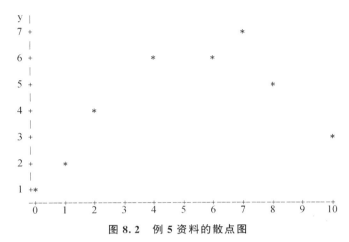

图8.2 例5资料的散点图

The SAS System

The REG Procedure

Model：MODEL1 一次直线回归分析

Dependent Variable：y

Analysis of Variance

Source	df	Sum of Squares	Mean Square	F Value	Pr＞F
Model	1	8.44972	8.44972	2.20	0.1886
Error	6	23.05028	3.84171		
Corrected Total	7	31.50000			

Root MSE	标准误差 1.96003	R-Square 决定系数	0.2682	
Dependent Mean	4.25000	Adj R-Square	0.1463	
Coeff Var	46.11833			

Parameter Estimates

Variable	df	Parameter Estimate	Standard Error	t Value	Pr＞|t|
Intercept	1	2.79050	1.20362	2.32	0.0596
x	1	0.30726	0.20718	1.48	0.1886

一次直线回归分析不显著

The SAS System

The REG Procedure

Model：MODEL1 二次多项式回归分析

Dependent Variable：y

Analysis of Variance

Source	df	Sum of Squares	Mean Square	F Value	Pr>F
Model	2	29.94908	14.97454	48.28	0.0005
Error	5	1.55092	0.31018		
Corrected Total	7	31.50000			

二次多项式回归 F 检验极显著

Root MSE 标准误差	0.55694		R-Square 决定系数	0.9508	
Dependent Mean	4.25000		Adj R-Square	0.9311	
Coeff Var	13.10449				

Parameter Estimates

Variable	df	Parameter Estimate	Standard Error	t Value	Pr>|t|
Intercept	1	0.63130	0.42922	1.47	0.2013
x	1	2.04329	0.21667	9.43	0.0002
x2	1	−0.18035	0.02166	−8.33	0.0004

二次多项式方程为：$\hat{y}=0.63130+2.04329x-0.18035x^2$

The SAS System

The REG Procedure

Model：MODEL1 三次多项式回归分析

Dependent Variable：y

Analysis of Variance

Source	df	Sum of Squares	Mean Square	F Value	Pr>F
Model	3	30.05350	10.01783	27.70	0.0039
Error	4	1.44650	0.36163		
Corrected Total	7	31.50000			

三次多项式回归 F 检验极显著

Root MSE 标准误差	0.60135		R-Square 决定系数	0.9541	
Dependent Mean	4.25000		Adj R-Square	0.9196	
Coeff Var	14.14949				

Parameter Estimates

Variable	df	Parameter Estimate	Standard Error	t Value	Pr>|t|	Type I SS
Intercept	1	0.78477	0.54439	1.44	0.2229	144.50000

x	1	1.77207	0.55634	3.19	0.0334	8.44972
x2	1	−0.11093	0.13130	−0.84	0.4458	21.49936
x3	1	−0.00451	0.00839	−0.54	0.6195	0.10441

三次多项式方程为:$\hat{y}=0.78477+1.77207x-0.11093x^2-0.00451x^3$

【结果解释】

由于一次线性回归分析不显著,不可选用。尽管三次多项式分析 F 检验显著,但 x2 和 x3 的 t 检验均没达 0.05 的显著水平。二次多项式回归分析不仅 F 检验极显著,而且 x、x2 的 t 检验均达极显著水平,所以以二次曲线为好。二次多项式回归方程为:$\hat{y}=0.63130+2.04329x-0.18035x^2$。

习　题

1. 江苏无锡连续 12 年测定一代三化螟高峰期(y,以 4 月 30 日为 0)与 1 月份雨量(x1,mm)、2 月份雨量(x2,mm)、3 月上旬平均温度(x3,℃)、3 月中旬平均温度(x4,℃)的关系,得出的结果列于下表中。

雨量、旬平均温度与一代三化螟高峰期数据

1 月份雨量(x1)	2 月份雨量(x2)	3 月上旬平均温度(x3)	3 月中旬平均温度(x4)	一代三化螟高峰期(y)
47.5	30.6	11.1	9.0	17
42.9	32.3	8.1	9.5	21
20.2	37.4	6.7	11.1	26
0.2	21.5	8.5	8.9	23
67.0	61.6	6.8	9.4	20
5.5	83.5	5.0	9.5	30
44.4	24.1	10.0	11.1	22
8.9	24.9	6.1	9.5	26
39.0	10.2	7.1	10.8	27
74.2	54.9	4.4	6.8	23
15.9	74.2	4.6	3.8	23
26.4	50.7	4.1	5.8	27

(1)试计算 y 和 xi 的多元相关系数及其偏相关系数。

(2)试建立 y 依 xi 的最优线性回归方程并估计该方程的离回归标准误差。

2. 考察 14 个不同桑品种 4 个桑叶的理化性状为总含氮量(x1,%)、可溶性糖(x2,%)、叶绿素含量(x3,%)、单叶面积重(x4,g/100 cm^2)及万头产茧层量(y)。算出的相关系数如下表,试做通径分析。

各变量的简单相关系数(rij)、平均数(x)及标准差(S)

rij	x1	x2	x3	x4	y
x1	1.00000	0.74477	0.48664	−0.59003	0.85756
x2	0.74477	1.00000	0.35944	−0.53788	0.86001
x3	0.48664	0.35944	1.00000	−0.46642	0.51885
x4	−0.59003	−0.53788	−0.46642	1.00000	−0.73517
y	0.85756	0.86001	0.51885	−0.73517	1.00000
x	5.38	13.3657	1.125	2.4479	2611
S	0.16788	4.15283	0.14048	0.18179	193.2566

3. 测得某猪场 50 头肥猪 5 项胴体性状瘦肉量(y,kg)、眼肌面积(x1,cm^2)、腿肉量(x2,kg)、腰肉量(x3,kg)、椎骨数(x4,个)的资料如下,试做逐步通径分析。

y	x1	x2	x3	x4	y	x1	x2	x3	x4
15.02	23.73	5.49	1.21	28	14.26	25.26	4.16	1.55	29
12.62	23.34	4.32	1.35	30	15.50	29.99	5.26	1.74	29
14.86	28.84	5.04	1.92	29	14.44	17.92	5.02	1.28	29
13.98	27.67	4.72	1.49	29	14.65	25.06	4.75	1.65	29
15.91	20.83	5.35	1.56	29	14.12	17.99	4.45	1.74	26
12.47	22.27	4.27	1.50	29	15.40	28.49	5.33	1.71	28
15.80	27.57	5.25	1.85	28	15.04	27.32	4.95	1.67	29
14.32	28.01	4.62	1.51	29	16.74	22.23	5.67	2.30	28
13.76	24.79	4.42	1.46	29	17.13	30.43	5.67	1.96	30
15.18	28.96	5.30	1.66	28	13.12	21.29	4.74	1.20	28
14.20	25.77	4.87	1.64	28	15.19	27.29	5.02	1.83	29
17.07	23.17	5.80	1.90	28	14.26	18.93	4.61	1.45	28
15.40	28.57	5.22	1.66	30	15.09	25.26	5.18	1.50	28
15.94	23.52	5.18	1.98	26	14.75	23.84	4.75	1.79	28
14.33	21.86	4.86	1.59	29	17.76	36.54	5.90	1.87	30
15.11	28.95	5.18	1.37	28	16.78	28.32	5.31	1.88	30
13.81	24.53	4.88	1.39	27	14.01	21.66	4.84	1.63	27
15.58	27.65	5.02	1.66	29	14.85	26.91	4.92	1.22	29
15.85	27.29	5.55	1.70	28	14.45	18.59	4.85	1.45	26
15.28	29.07	5.26	1.82	28	12.68	23.55	4.06	1.41	28
16.40	32.47	5.18	1.75	29	15.01	26.37	5.12	1.70	29

续表

y	x1	x2	x3	x4	y	x1	x2	x3	x4
15.02	29.65	5.08	1.70	29	13.89	22.75	4.84	1.47	29
15.73	22.11	4.90	1.81	30	15.95	30.73	5.70	1.79	29
14.75	22.43	4.65	1.82	28	13.06	24.54	4.25	1.09	29
14.37	20.44	5.10	1.55	28	14.04	24.98	4.95	1.59	28

4. 测定某品种肉用鸡在良好饲养条件下的生长过程,每两周测定一次(x,周数),得体重 (y,kg)如下,试配合一个适当的多项式回归方程。

x	2	4	6	8	10	12	14
y	0.30	0.86	1.73	2.20	2.47	2.67	2.80

5. 某科研小组进行小麦育种测试了 8 个亲本的 8 个农艺性状如下。

亲本名称	株高/cm	单株干物重/g	有效小穗数/个	穗粒数/个	穗粒重/g	千粒重/g	亩穗数/万	亩产量/kg
栾城一号	80.5	679	15.8	35.8	1.21	33.2	44.5	468.0
725439	90.6	1287	14.8	29.8	1.45	48.2	38.5	440.0
优-2	74.3	901	17.2	37.5	1.83	48.7	21.6	353.0
泰山五号	90.4	1139	13.7	27.5	1.05	41.6	38.2	429.5
泰山四号	85.8	1058	13.4	29.8	1.24	37.4	38.2	436.5
品-39	79.6	1139	14.6	28.0	1.00	35.6	47.2	473.3
702-6-3	71.5	1102	16.0	32.9	1.18	31.6	41.6	431.9
7021-1	82.8	955	14.9	29.6	1.04	35.1	43.3	427.3

用最短距离法编程进行系统聚类分析,试解释分析结果,若距离阈值(T)为 2.5 和 2,各分为几类?

6. 下表为 1991 年 15 个省(自治区、直辖市)居民月平均消费数据。

x1:人均粮食支出(元)　　　　　　　　x2 人均副食支出(元)

x3:人均烟酒茶支出(元)　　　　　　　x4:人均其他副食支出(元)

x5:人均衣着商品支出(元)　　　　　　x6:人均日用品支出(元)

x7:人均燃料支出(元)　　　　　　　　x8:人均非商品支出(元)

序号	地区	x1	x2	x3	x4	x5	x6	x7	x8
1	北京	7.78	48.44	8.00	20.51	22.12	15.73	1.15	16.61
2	天津	10.85	44.68	7.32	14.51	17.13	12.08	1.26	11.57
3	河北	9.09	28.12	7.40	9.62	17.26	11.12	2.49	12.56

续表

序号	地区	x1	x2	x3	x4	x5	x6	x7	x8
4	山西	8.35	23.53	7.51	8.62	17.42	10.00	1.04	11.21
5	内蒙古	9.25	23.75	6.61	9.19	17.77	10.48	1.72	10.51
6	辽宁	7.90	39.77	8.49	12.94	19.27	11.05	2.04	13.29
7	吉林	8.19	30.50	4.72	9.78	16.28	7.60	2.52	10.32
8	黑龙江	7.73	29.20	5.42	9.43	19.29	8.49	2.52	10.00
9	上海	8.28	64.34	8.00	22.22	20.06	15.52	0.72	22.89
10	江苏	7.21	45.79	7.66	10.36	16.56	12.86	2.25	11.69
11	浙江	7.68	50.37	11.35	13.30	19.25	14.59	2.75	14.87
12	安徽	8.41	37.75	9.61	8.49	13.15	9.76	1.28	11.28
13	福建	10.60	52.41	7.70	9.98	12.53	11.70	2.31	14.69
14	江西	6.25	35.02	4.72	6.28	10.03	7.15	1.93	10.39
15	山东	8.82	33.70	7.59	10.98	18.82	14.73	1.78	10.10

采用系统聚类方法进行分析，T＝2.5时分几类，安徽与哪些省(自治区、直辖市)是一类？

7. 根据下述某猪场25头育肥猪4个胴体性状的数据资料，试进行瘦肉量 y 对眼肌面积 (x1)、腿肉量(x2)、腰肉量(x3)的多元线性回归分析。

序号	瘦肉量 (y)/kg	眼肌面积 (x1)/cm²	腿肉量 (x2)/kg	腰肉量 (x3)/kg	序号	瘦肉量 (y)/kg	眼肌面积 (x1)/cm²	腿肉量 (x2)/kg	腰肉量 (x3)/kg
1	15.02	23.73	5.49	1.21	14	15.94	23.52	5.18	1.98
2	12.62	22.34	4.32	1.35	15	14.33	21.86	4.86	1.59
3	14.86	28.84	5.04	1.92	16	15.11	28.95	5.18	1.37
4	13.98	27.67	4.72	1.49	17	13.81	24.53	4.88	1.39
5	15.91	20.83	5.35	1.56	18	15.58	27.65	5.02	1.66
6	12.47	22.27	4.27	1.50	19	15.85	27.29	5.55	1.70
7	15.80	27.57	5.25	1.85	20	15.28	29.07	5.26	1.82
8	14.32	28.01	4.62	1.51	21	16.40	32.47	5.18	1.75
9	13.76	24.79	4.42	1.46	22	15.02	29.65	5.08	1.70
10	15.18	28.96	5.30	1.66	23	15.73	22.11	4.90	1.81
11	14.20	25.77	4.87	1.64	24	14.75	22.43	4.65	1.82
12	17.07	23.17	5.80	1.90	25	14.37	20.44	5.10	1.55
13	15.40	28.57	5.22	1.66					

第九章
试验设计及其试验结果分析的SAS过程

从广义上说,生物统计中的试验设计是指整个试验研究课题的设计,包括确定试验处理的方案,小区技术以及相应的资料搜集、整理和统计分析的方法等;从狭义上说,它专指小区技术,特别是抽样方法、重复区组和试验小区的排列方法。通过抽样方法,重复区组和处理小区的不同排列方法,达到控制或减少试验误差的目的。处理小区是指一个处理所占有的一小块试验空间或试验地;重复区组是指一个试验的全部处理小区相邻排列在一起,即构成一个重复区组。本章是指狭义的试验设计。通过科学合理的试验设计,我们可以有效地减少和控制试验误差,进行无偏估计试验误差和正确估计处理效应,从而对处理的总体效应做出可靠的推断。

第一节 试验设计概述

一、试验设计原则

一个优良试验方案的意义在于能用比较少的人力、物力和时间最大限度地获得丰富而可靠的资料,使繁多的试验因素包括在尽可能少的试验中,从而达到高效的目的。无论采用何种设计方法,都必须遵循以下三个原则。

1. 重复原则

同一个处理在同一个试验中多次设置或观察,即为重复。

重复的作用:一是估计试验误差,试验误差是客观存在的,只能由同一处理的几个重复小区间的差异估得。如果同一处理有了两次以上的重复,就可以从这些重复小区之间的产量(或其他性状)差异估计误差。二是降低试验误差,数理统计学已证明误差的大小与重复次数的平方根成反比。重复多,则误差小。四次重复试验的误差只有两次重复的同类试验的一半。此外,通过重复也能更准确地估计处理效应。

2. 随机化原则

随机排列是指一个区组中每一处理都有同等的机会设置在任何一个试验小区上,避免任何主观成见。随机抽样是指总体中的所有个体都有同等的机会被抽取。

随机排列的方法:抽签法、计算机产生随机数字法、随机数字表法等。

随机的主要作用:无偏估计试验误差;研究随机事件—获得随机变量—概率的性质—进行

统计分析(统计推断)。

3. 局部控制原则

局部控制就是分范围分地段或分空间地控制非处理因素,使之对各试验处理的影响在较小空间内达到最大程度的一致,从而有效地降低试验误差。整个试验环境被分成若干个相对最为一致的小环境,再在小环境内设置成套处理,即在田间分范围、分地段控制土壤差异等非处理因素,使之对各试验处理小区的影响达到最大程度的一致。因为在较小地段内,试验环境条件容易控制一致。这是降低误差的重要手段之一。

二、试验设计的 PLAN 程序过程

随机化方法可采用多种途径进行,SAS 系统为此提供了 PLAN 过程。

PLAN 过程的主要功能是在制造试验中随机取样的各种可能性,以便用户从中选取所需的样本设计。

1. 过程格式

PROC PLAN 选项串;

FACTORS 主效应的抽样方式/NOPRINT;

OUTPUT OUT=输出文件名称,DATA=SAS 文件名称　主效应的抽样结果;

TREATMENTS 其他效应的抽样方式。

2. 语句说明

PROC PLAN 选项串有两个:①SEED=一个 0 与($2^{31}-1$)之间的整数,用于启动一个随机的排列。若缺省时,内设电脑的电钟时间作为启动的数字。②ORDERED,要求主效应的组别以整数顺序 1、2…来代表。

FACTORS 主效应的抽样方式为:主效应名称=m[of n]抽样方式,其中,主效应名称为试验设计中某因素的代号。m 为小于或等于 n 的正整数,代表主效应样本中的水平数,n 为正整数,代表主效应在整个资料中的观察值个数。抽样方式为:RANDOM(内设值)或 ORDERED 或 CYCLIC。一个 FACTORS 指令中可含数个主效应的抽样方式,它们之间必须以一个空格隔开;中括号[]的部分可有可无。其定义为:①RANDOM=自 n 组中,随机抽取 m 个组;或将 m 个组按随机方式排列。②ORDERED=将 m 组界定为 1 到 m 的整数,因此它不涉及随机抽样。③CYCLIC=循环式地界定组别;格式为 CYCLIC[(初始排列)][增量],因素水平依 1,2,…,m 或原始区组循环排列,例如,trt=5CYCLIC 产生排列,1,2,3,4,5;2,3,4,5,1;…trt=4 CYCLIC 2 产生排列 1,2,3,4,以后循环每次增量为 2,如第二次循环时为 3,4,1,2。

OUTPUT 语句将结果存储到 SAS 数据集中,其中 OUT=输出资料内含试验设计里所提到的每一变量名称以及变量的值和样本含量。主效应(变量)的抽样结果为:①主效应名称 NVALS=(含 n 个数字的数字串)ORDERED(或 RANDOM)。内设值 NVALS=(1,2,…,n)。②主效应名称 CVALS=(含 n 个标签的文字串)ORDERED(或 RANDOM)。DATA=文件的一个变量名称。这时改变另一个 SAS 文件的试验设计必须同时界定 OUT。

TREATMENTS 语句所界定的其他效应必定是嵌在试验设计的每一个小单元内。撰写方式与 FACTORS 相同,但无删除号内容。

第二节　试验设计方案的 SAS 编程

一、成组试验设计方案

例 1. 设有同性别的健康动物 20 头,按原始体重大小依次编号为 1,2,…,20,试用完全随机的方法把它们分成甲(1)、乙(2)两组。

【SAS 程序】

```
options nodate nonumber；
data lia；
do n＝1 to 20；
if n＜＝10 then t＝1；else t＝2；
output；end；
proc plan seed＝20025；
factors n＝20；
output data＝lia out＝b；
proc sort；by n；proc print；run；
proc plan seed＝20025；
factors n＝20；
treatments t＝20 cyclic
(1 1 1 1 1 1 1 1 1 1 2 2 2 2 2 2 2 2 2 2)；
output out＝b；
proc sort；by n；proc print；run；
```

【程序说明】

循环语句产生变量 n 与 t,n 取值 1～20,t 取值 1 和 2(甲、乙两组)。

第一个 plan 过程用随机抽样方法(内设值)产生两个组的随机分组,其中 output 后的 data 文件名须与原程序数据集名称相同,本例为 lia。

第二个 plan 过程用循环抽样方法进行随机分组。各语句含义参见前面介绍的过程格式的语句说明。

【结果显示】

The PLAN Procedure

Factor	Select	Levels	Order
n	20	20	Random

-------------------------------n-------------------------------

18 2 11 3 6 17 9 7 10 20 19 16 14 12 5 15 13 8 1 4

Obs	n	t		Obs	n	t
1	1	2		11	11	1
2	2	1		12	12	2
3	3	1		13	13	2

4	4	2	14	14	2
5	5	2	15	15	2
6	6	1	16	16	2
7	7	1	17	17	1
8	8	2	18	18	1
9	9	1	19	19	2
10	10	1	20	20	1

Plot Factors

Factor	Select	Levels	Order
n	20	20	Random

Treatment Factors

Factor	Select	Levels	Order	Initial Block / Increment
t	20	20	Cyclic (1 1 1 1 1 1 1 1 1 1 2 2 2 2 2 2 2 2 2 2)/1

--n--

18	2	11	3	6	17	9	7	10	20	19	16	14	12	5	15	13	8	1	4

--t--

1	1	1	1	1	1	1	1	1	2	2	2	2	2	2	2	2	2	2

Obs	n	t	Obs	n	t
1	1	2	11	11	1
2	2	1	12	12	2
3	3	1	13	13	2
4	4	2	14	14	2
5	5	2	15	15	2
6	6	1	16	16	2
7	7	1	17	17	1
8	8	2	18	18	1
9	9	1	19	19	2
10	10	1	20	20	1

【结果解释】

输出结果为:甲(1)组中的动物编号为18,2,11,3,6,17,9,7,10,20,余下10头分在乙(2)组。两个PLAN过程产生的两组随机抽样结果相同。

二、配对实验设计方案

例2. 设供试动物20头,将同性别、体重大小接近的两头动物分别配为10对,试用随机方法将每对中的一头分在A(1)组,另一头分在B(2)组。

【SAS 程序】

```
options nodate nonumber;
data l9b;
```

```
do n=1 to 10；
if n<=5 then t=1；else t=2；
output；end；
proc plan seed=20025；
factors n=10；
output data=19b out=b；
proc sort；by n；
proc print；run；
```

【程序说明】

本程序调用 plan 过程用随机抽样方法（内设值）产生两个组的随机分组，但先将每对中的一头进行编号，另一头将根据编号的随机分组情况被相应地分在另一组。

【结果显示】

Obs	n	t
1	1	2
2	2	1
3	3	2
4	4	2
5	5	1
6	6	1
7	7	1
8	8	2
9	9	1
10	10	2

【结果解释】

第一列为序号，第二列为每对中某一个体的编号，第三列 t 为不同的处理组号，如第一个被编号的个体分在第二组，另一个个体则分在第一组，其余类推。

三、单因素 k（≥3）水平试验设计方案

例 3. 设同性别健康动物 18 头，按体重大小依次编为 1～18 号，试用完全随机法分到 1 组、2 组、3 组中。

【SAS 程序】

```
options nodate nonumber；
data 19c；
do n=1 to 18；if n<=6 then group=1；
else if n>=13 then group=3；
else group=2；output；end；
proc plan seed=586918；
factors n=18；output data= 19c out=a；
```

```
proc sort;by n;
proc print;run;
```

【程序说明】

在程序中,循环语句产生 n 变量(取值 18)和 group(取值 1、2 和 3),plan 过程产生 3 个组的随机分组,并按编号的顺序输出分组的结果。

【结果显示】

The PLAN Procedure

Factor	Select	Levels	Order
n	18	18	Random

-------------------------------------n-------------------------------------

16　10　4　15　6　2　5　12　9　7　17　8　3　18　11　13　14　1

Obs	n	group		Obs	n	group
1	1	3		10	10	1
2	2	1		11	11	3
3	3	3		12	12	2
4	4	1		13	13	3
5	5	2		14	14	3
6	6	1		15	15	1
7	7	2		16	16	1
8	8	2		17	17	2
9	9	2		18	18	3

【结果解释】

在程序输出的结果中,Obs 为序号,n 为编号,group 为分组的组别。例如,产生的第一组动物编号为 2、4、6、10、15、16,其余类推。

四、随机区组试验设计方案

例 4. 为比较 4 种不同饲料对仔猪的增重效果,设计从 5 窝母猪(区组或单位组)中,每窝选出性别相同、体重大小接近的仔猪 4 头,共 20 头,进行试验,在每窝仔猪中,哪一头喂哪号饲料随机,试做随机化设计。

先对 5 窝数(NS)进行编号,为 1~5 号,对 4 种饲料(FS)进行编号,为 1~4 号;然后每窝仔猪按体重大小依次编为 1~4 号。

【SAS 程序】

```
options nodate nonumber;
data l9d;
proc plan seed=37583;
factors ns=5 ordered fs=4;
treatments tmts=4;
proc plan seed=37583;
```

treatments tmts＝4 of 20

cyclic(1 2 3 4)；factors ns＝5 fs＝4；

output out＝a；run；

【程序说明】

以上程序含两个 plan 过程：第一过程要求窝数 ns（区组）按顺序排列，对饲料 fs 进行随机化（按内设值）处理；第二过程采用循环法对窝数及饲料进行随机化。

【结果显示】

(1)The PLAN Procedure

PlotFactors

Factor	Select	Levels	Order
ns	5	5	Ordered
fs	4	4	Random

Treatment Factors

Factor	Select	Levels	Order
tmts	4	4	Random

ns	fs	tmts
1	2341	4132
2	2314	4312
3	3421	3421
4	3214	1432
5	4213	1324

(2)The PLAN Procedure

Factor	Select	Levels	Order
ns	5	5	Random
fs	4	4	Random

Treatment Factors

Factor	Select	Levels	Order	Initial Block/ Increment
tmts	4	20	Cyclic	(1 2 3 4) / 1

ns	fs	tmts
3	4312	1234
1	4321	2345
4	3241	3456
2	3142	4567
5	4213	5678

【结果解释】

(1)为第一过程产生的结果，主要看饲料 fs 的随机排列情况，即随机化后所指定的每窝仔猪中哪头仔猪吃何种饲料。以 fs 中的第 1 列、第 2 列为例，在 1～5 窝中，最重的仔猪（即 1 号猪）依次喂给 2 号、2 号、3 号、3 号、4 号饲料,2 号猪分别喂给 3 号、3 号、4 号、2 号、2 号饲料,其余类推。

(2)为第二过程产生的结果,在饲料的随机化方面以第 3 窝仔猪、第 1 窝仔猪为例,1～4 号猪依次喂给 4 号饲料、3 号饲料、1 号饲料、2 号饲料及 4 号饲料、3 号饲料、2 号饲料、1 号饲料,其余类推。

以上两个过程产生的结果不尽相同,但都已达到本例对饲料进行随机化的要求。任选一种方法即可。根据以上分组情况,两因素无重复观察值的交叉分组可借以上程序进行随机化。

五、拉丁方试验设计方案

例 5. 对 5 头乳牛在 5 个不同泌乳期(5 个月份)分别给予 5 种不同类型的饲料进行饲料对比试验。试采用随机化的方法,制定 5 头乳牛在不同月份应吃的饲料类型。

这是一个拉丁方设计资料,5 头乳牛将分别以 No1、No2、No3、No4、No5 表示(放在横行上),5 个月份分别以 Mo1、Mo2、Mo3、Mo4、Mo5 表示(放在竖列上),5 种饲料类型以 1、2、3、4、5 表示进行随机化处理。

【SAS 程序】

```
options nodate nonumber;
data l9e;
proc plan seed=51321;
factors rows=5 ordered cols=5 ordered/noprint;
treatments tmts=5 cyclic;
output out=g
rows cvals=('No1' 'No2' 'No3' 'No4' 'No5')random
cols cvals=('Mo1' 'Mo2' 'Mo3' 'Mo4' 'Mo5')random
tmts nvals=(1 2 3 4 5)random;
quit;
proc tabulate formchar(1 2 3 4 5 6 7 8 9 10 11)
                      ='|----|+|---';
class rows cols;
var tmts;table rows, cols * (tmts * f=6.)/rts=6;run;
```

【程序说明】

在以上程序中,plan 过程采用中间变量横行 rows(取值 No1～No5)、竖列 cols(取值 Mo1～Mo5)顺序排列;处理数 tmts(取值 1～5)按循环方法进行随机化。output 语句参见 plan 过程格式中的语句说明。quit 语句指明结束程序,以便执行另一个程序,如本例中的 Tabulate(表格)过程要求打印统计值的有效位数为 6 位(且不含小数位)、列的标题打印长度不超过 6 位的由 plan 过程产生的试验设计方案表,即 5 * 5 的拉丁方设计方案表。

【结果显示】

	cols				
	Mo1	Mo2	Mo3	Mo4	Mo5
	tmts	tmts	tmts	tmts	tmts
	Sum	Sum	Sum	Sum	Sum

rows					
No1	3	2	1	5	4
No2	4	5	2	3	1
No3	1	3	5	4	2
No4	5	1	4	2	3
No5	2	4	3	1	5

【结果解释】

横行代表乳牛的编号,竖列代表月份,表中的数字(统计值)代表不同类型的饲料号。其中No1 乳牛 1—5 月份依次吃 3 号饲料、2 号饲料、1 号饲料、5 号饲料、4 号饲料,No2 乳牛依次喂给 4 号饲料、5 号饲料、2 号饲料、3 号饲料、1 号饲料……

六、系统分组试验设计方案

例 6. 拟调查某地良种奶牛的产奶情况,决定抽查 3 个农场(noch),每个农场抽查 4 个分场(fech),每个分场调查 5 头奶牛(nani),试对调查的先后顺序进行随机化处理。

这是一个系统分组的设计,一级样本 noch 取值 1、2、3;二级(次级)fech 样本取值 1、2、3、4;次级样本含量 nani 编号为 1~5。

【SAS 程序】

```
options nodate nonumber;
data l9f;
proc plan seed=18765;
factors noch=3 fech=4 nani=5;run;
```

【程序说明】

本程序较为简单,plan 过程按种子数取值 18765 及内设随机方法,分别对 noch、fech 及nani 下的取值进行随机排列。

【结果显示】

The PLAN Procedure

Factor	Select	Levels	Order
noch	3	3	Random
fech	4	4	Random
nani	5	5	Random

noch	fech	---nani--
3	3	4 1 5 2 3
	2	2 1 4 3 5
	4	3 5 4 2 1
	1	4 1 3 5 2
2	4	1 2 4 5 3
	2	5 1 4 2 3
	3	1 5 3 2 4

	1	2 4 3 5 1
1	2	3 2 5 1 4
	3	1 3 4 2 5
	1	1 2 3 5 4
	4	1 5 4 3 2

【结果解释】

结果显示,农场的调查顺序依次为 3、2、1。其下属分场调查顺序依次为 3、2、4、1;4、2、3、1 和 2、3、1、4。每个分场抽取的奶牛顺序依次为 4、1、5、2、3;2、1、4、3、5…

第三节　试验设计资料统计分析的 SAS 编程

配对试验设计、成组试验设计、单因素 k(≥3)完全随机试验设计、两因素交叉分组的完全随机试验设计、随机区组试验设计以及两因素的裂区试验设计资料的结果分析可参考第五章、第六章的有关内容。其他类型试验设计资料的结果分析如下。

一、拉丁方设计资料的结果分析

拉丁方设计是随机区组设计的扩充,是除安排一个试验因素外,另外安排两个主要的非试验因素(两个区组因素),要求 3 个因素的水平数相等,且因素之间无交互作用或忽略不计,并把试验因素的 N 个水平随机排列成 N 行 N 列的方阵。

例 7. 依据例 5 的设计方案,5 头乳牛在不同月份的产乳量列于表 9.1 中,其中竖列 No 为乳牛个体,横行 Mo 为月份,表中并排数据,前者为设计方案中的饲料号,后者为产乳量,试对该资料进行统计分析。

表 9.1　不同饲料对乳牛产乳量的试验结果　　　　　　　　　　　　　　kg

No	Mo									
	Mo1		Mo2		Mo3		Mo4		Mo5	
No1	3	390	2	390	1	320	5	300	4	380
No2	4	420	5	280	2	370	3	390	1	270
No3	1	260	3	400	5	360	4	400	2	350
No4	5	280	1	280	4	400	2	370	3	390
No5	2	380	4	430	3	400	1	350	5	320

【SAS 程序】

```
options nodate nonumber;
data l9d;
do r=1 to 5;
do c=1 to 5;
input t$ x @@;
output;end;end;
```

```
cards；
3 390 2 390 1 320 5 300 4 380
4 420 5 280 2 370 3 390 1 270
1 260 3 400 5 360 4 400 2 350
5 280 1 280 4 400 2 370 3 390
2 380 4 430 3 400 1 350 5 320
；
proc glm；
class r c t；
model x＝r c t/ss3；
means t/snk；run；
```

【程序说明】
　　程序调用 glm 过程进行方差分析,其中 r 代表横行(乳牛)、c 代表竖列(月份)、t 代表处理(饲料)变量,并对饲料效应做多重比较(q 检验)。

【结果显示】

Dependent Variable：x

Source	DF	Sum of Squares	Mean Square	F Value	Pr>F
Model	12	56352.00000	4696.00000	8.20	0.0005
Error	12	6872.00000	572.66667		
Corrected Total	24	63224.00000			

R-Square	Coeff Var	Root MSE	x Mean
0.891307	6.737178	23.93045	355.2000

Source	DF	Type Ⅲ SS	Mean Square	F Value	Pr>F
r	4	3224.00000	806.00000	1.41	0.2900
c	4	2624.00000	656.00000	1.15	0.3818
t	4	50504.00000	12626.00000	22.05	<.0001

SNK Grouping	Mean	N	t
A	406.00	5	4
A	394.00	5	3
A	372.00	5	2
B	308.00	5	5
B	296.00	5	1

【结果解释】
　　分析结果表明,总模型和处理间(饲料)的效应极为明显($P<0.01$),奶牛个体及月份间的差异不明显($P>0.05$)。饲料间的多重比较结果表明,4 号饲料、3 号饲料、2 号饲料与 5 号饲料、1 号饲料间的差异达到 5％水准,其余差异不明显($P>0.05$)。在 5 种饲料中,4 号饲料对乳牛产乳量的提高最为明显(406 kg)。

例 8. 为研究 3 种不同饲料(a1、a2、a3)对奶牛产奶量(x)的影响。第 1 次试验采用 3 * 3 拉丁方设计,选择 3 头条件相似奶牛(c1、c2、c3),连续给予不同处理(t)。由于泌乳期不统一,按前、中、后分为 3 个阶段(r1、r2、r3),每阶段 45 天。试验结果列于数据步中变量 La1 下。第 2 次试验采用同型拉丁方(3 * 3)设计,另选 3 头奶牛,仍分 3 个泌乳期(不同于第 1 次),饲料类型不变。试验结果列于数据步中变量 La2 下,试做重复拉丁方(同型)设计资料的方差分析。

【SAS 程序】

```
options nodate nonumber;
data l9e;
input La $ ;
do r=1 to 3;
do c=1 to 3;
input t $  x @@;
output;end; end;
cards;
La1
a1 350 a2 360 a3 370
a2 340 a3 390 a1 370
a3 380 a1 380 a2 350
La2
a1 380 a3 370 a2 290
a3 380 a2 340 a1 360
a2 350 a1 380 a3 370
;
proc sort;by la;run;
proc glm;
class La r c t;
model x=r c t/ss3;
by La;
proc glm;
class La r c t;
model x=La r(La) c(La) t t*La/ss3;
means t t*La/duncan;
run;
```

【程序说明】

在程序中,La、r、c、t、x 分别代表重复拉丁方变量、横行(泌乳期)变量、竖列(奶牛)变量、处理(饲料)变量及观察值(产奶量)变量。在调用的 3 个过程中,第 1 过程 sort 指明对 La 变量进行由小到大排序(本例已排序,故可省去该过程)。第 2 过程 glm 指明分别对两次试验结果做方差分析。第 3 过程 glm 指明对重复拉丁方进行方差分析,其中 model 界定各效应的名称,means 要求对饲料做 SSR 法的多重比较。

【结果显示】

(1)La＝La1

Source	DF	Sum of Squares	Mean Square	F Value	Pr＞F
Model	6	2133.333333	355.555556	8.00	0.1153
Error	2	88.888889	44.444444		
Corrected Total	8	2222.222222			

R-Square	Coeff Var	Root MSE	x Mean
0.960000	1.823708	6.666667	365.5556

Source	DF	Type Ⅲ SS	Mean Square	F Value	Pr＞F
r	2	155.555556	77.777778	1.75	0.3636
c	2	622.222222	311.111111	7.00	0.1250
t	2	1355.555556	677.777778	15.25	0.0615

(2)La＝La2

Source	DF	Sum of Squares	Mean Square	F Value	Pr＞F
Model	6	6466.666667	1077.777778	7.46	0.1229
Error	2	288.888889	144.444444		
Corrected Total	8	6755.555556			

R-Square	Coeff Var	Root MSE	x Mean
0.957237	3.359209	12.01850	357.7778

Source	DF	Type Ⅲ SS	Mean Square	F Value	Pr＞F
r	2	622.222222	311.111111	2.15	0.3171
c	2	1488.888889	744.444444	5.15	0.1625
t	2	4355.555556	2177.777778	15.08	0.0622

(3)Dependent Variable：x

Source	DF	Sum of Squares	Mean Square	F Value	Pr＞F
Model	13	8872.222222	682.478632	7.23	0.0350
Error	4	377.777778	94.444444		
Corrected Total	17	9250.000000			

R-Square	Coeff Var	Root MSE	x Mean
0.959159	2.687075	9.718253	361.6667

Source	DF	Type Ⅲ SS	Mean Square	F Value	Pr＞F
La	1	272.222222	272.222222	2.88	0.1648
r(La)	4	777.777778	194.444444	2.06	0.2508
c(La)	4	2111.111111	527.777778	5.59	0.0621
t	2	5033.333333	2516.666667	26.65	0.0049
La＊t	2	677.777778	338.888889	3.59	0.1281

(4)Duncan Grouping　　Mean　　　N　　　t

　　　　　　　　A　　　376.667　　 6　　　a3

　　　　　　　　A　　　370.000　　 6　　　a1

　　　　　　　　B　　　338.333　　 6　　　a2

【结果解释】

(1)(2)分别列出第1次、第2次试验的结果分析表明,无论是总效应或各项效应均无显著意义(P＞0.05)。究其原因,误差项自由度过小,DF$_e$＝8－3＊(3－1)＝2。对此一般有3种处理方法。其一,将不显著的效应(r或c)合并于误差项中,以提高F检验的灵敏度,尤其当某效应的F小于1.5时。其二,可采用另型拉丁方如4＊4、5＊5等以增大误差项自由度。其三,采用重复拉丁方设计(如本例或下例)。

(3)为重复拉丁方的分析结果,总效应及饲料效应分别达到5％、1％显著水平,表明不同饲料对奶牛的产奶量有极明显的作用。La＊t检验不显著,说明不同类型饲料在两次试验中表现出一致的效果。

(4)可见,饲料间的差异主要是a3和a2之间的差异及a1和a2之间的差异(P＜0.05)。

例9. 某研究所拟对4种不同型号的饲料(a＝1、2、3、4)的效果做对比试验。选用8头奶牛,分成4组(c＝1、2、3、4),每试验小组为2头(r＝1、2),设泌乳期为4个阶段(b＝1、2、3、4)。采用拉丁方内安排重复的设计,试验所得奶牛日产奶量(kg)列于程序数据步中,试做重复拉丁方设计资料的方差分析。

【SAS 程序】

```
options nodate nonumber;
data l9f;
do b=1 to 4;
do c=1 to 4;
do r=1 to 2;
input a x @@;
output;end; end;end;
cards;
4    9.3    4    8.6    3    10.9    3    11.2    2    8.2    2    5.9    1    8.0    1    8.5
1    7.7    1    8.8    2    9.0    2    10.1    3    11    3    10.8    4    9.4    4    10.0
3    10.7    3    11    4    9.6    4    9.2    1    7.7    1    7.1    2    7.8    2    9.6
2    7.8    2    9.5    1    7.1    1    9.4    4    9.0    4    8.5    3    9.6    3    10.2
;
proc glm;
class b c a r;
model x=a b c a*b*c/ss3;
means a/duncan;run;
```

【程序说明】

在程序中,model语句界定有a＊b＊c的效应(即剩余项,并非误差项),以考察因素间的互作与其他效应影响是否存在。

【结果显示】

(1)Dependent Variable:x

Source	DF	Sum-of-Squares	Mean-Square	F-Value	Pr—>—F
Model	15	42.33000000	2.82200000	4.18	0.0036
Error	16	10.79000000	0.67437500		
Corrected-Total	31	53.12000000			

R-Square	Coeff Var	Root MSE	x Mean
0.796875	9.024213	0.821203	9.100000

Source	DF	Type Ⅲ SS	Mean Square	F Value	Pr>F
a	3	31.95750000	10.65250000	15.80	<.0001
b	3	2.96750000	0.98916667	1.47	0.2611
c	3	4.41250000	1.47083333	2.18	0.1301
b*c*a	6	2.99250000	0.49875000	0.74	0.6257

(2)Duncan Grouping

		Mean	N	a
A		10.6750	8	3
B		9.2000	8	4
C	B	8.4875	8	2
C		8.0375	8	1

【结果解释】

(1)总效应及饲料间效应均达到1‰的极显著水平。其他效应均无显著意义(P>0.05)。

(2)饲料间的多重比较结果表明,3号饲料对奶牛日产奶量的提高最为明显,与其他3种饲料相比,至少都达到了5‰的显著水平。其次为4号饲料,但与2号饲料相比,差异不明显(P>0.05)。由于因素间的互作a*b*c影响较小,故可在模型中去掉该效应,此时总模型的F值可达到6.98(此处略)。

二、交叉设计资料的结果分析

交叉设计是指在同一试验中,将试验单元分期进行交叉或反复两次以上的试验方法。这种使两种处理在同一试验单元施加顺序交叉的目的是削弱或抵消两种处理施加的先后顺序带来的影响。设计要求是以处理间无互作或忽略不计,并无处理残效为前提。试验单元的分组是随机的,两组的单元数必须相等。常用的方法有2*2或2*3交叉设计。

例10. 为研究降温对奶牛日产奶量的影响,设置通风与洒水试验组和对照组两个水平。选用条件相近的泌乳中期奶牛8头,随机分为b1、b2两群,每群4头,试验分成c1、c2两期,每期4周,一次交叉,结果如表9.2所列,试检验试验组与对照组间有无显著差异。

表 9.2 降温对奶牛产奶量的影响 kg

奶牛		时期	
		c1	c2
		a1	a2
b1	1	16.40	14.60
	2	19.50	14.20
	3	18.45	13.05
	4	14.15	13.55
		a2	a1
b2	1	13.75	20.10
	2	15.25	17.05
	3	15.05	18.55
	4	12.30	13.95

【SAS 程序】

```
options nodate nonumber;
data li;
do b=1 to 2;
do r=1 to 4;
do c=1 to 2;
input a $ x @@;
output;end;end;end;
cards;
a1  16.40  a2  14.60  a1  19.50  a2  14.20
a1  18.45  a2  13.05  a1  14.15  a2  13.55
a2  13.75  a1  20.10  a2  15.25  a1  17.05
a2  15.05  a1  18.55  a2  12.30  a1  13.95
;
proc anova;
class b c a;
model x=b c a;means a;
proc glm;
class b c a;
model x=a/ss3;run;
```

【程序说明】

在数据步中,输入字符型变量 a 为主试验因素,相当于拉丁方中的主要处理因素。

在过程步中,调用 anova 和 glm 两个过程,anova 过程对主因素 a 及非试验因素 b、c 的效应进行方差分析。因处理因素仅分两个水平，故无须在 means 后加任何选项。glm 过程中的 model 语句仅界定对主要因素 a 作方差分析。

【结果显示】

(1) The ANOVA Procedure Dependent Variable：x

Source	DF	Sum of Squares	Mean Square	F Value	Pr>F
Model	3	43.83812500	14.61270833	3.95	0.0359
Error	12	44.41125000	3.70093750		
Corrected Total	15	88.24937500			

R-Square	Coeff Var	Root MSE	x Mean
0.496753	12.31713	1.923782	15.61875

Source	DF	Anova SS	Mean Square	F Value	Pr>F
b	1	0.27562500	0.27562500	0.07	0.7896
c	1	0.00250000	0.00250000	0.00	0.9797
a	1	43.56000000	43.56000000	11.77	0.0050

Level of

----------------------------x----------------------------

a	N	Mean	Std Dev
a_1	8	17.2687500	2.31685401
a_2	8	13.9687500	1.00815868

(2) The GLM Procedure Dependent Variable：x

Source	DF	Sum of Squares	Mean Square	F Value	Pr>F
Model	1	43.56000000	43.56000000	13.65	0.0024
Error	14	44.68937500	3.19209821		
Corrected Total	15	88.24937500			

R-Square	Coeff Var	Root MSE	x Mean
0.493601	11.43910	1.786644	15.61875

Source	DF	Type Ⅲ SS	Mean Square	F Value	Pr>F
a	1	43.56000000	43.56000000	13.65	0.0024

【结果解释】

(1)(2)的方差分析结果表明，总效应分别达到5%及1%的显著水平。处理间(a)效应均达1%显著水平，表明通风和洒水的降温措施对奶牛的日产奶量提高极为明显($P<0.01$)。

例 **11.** 为研究尿素对奶牛的饲料价值，设置对照饲料 a1 和尿素配合饲料 a2，试验分为 c1、c2、c3 三期（每期 4 周），用 6 头奶牛分成 b1、b2 二组，第 1 组（b11、b12、b13）按 a1→a2→a1 顺序给予饲料，第二组（b21、b22、b23）按 a2→a1→a2 顺序给予饲料，试验结果如表 9.3 所列，试做 2＊3 交叉设计资料的方差分析。

表 9.3　不同饲料对奶牛日产奶量的影响　　　　　　　　　　　kg

奶牛		时期		
		c1	c2	c3
		a1	a2	a1
b1	b11	11.32	11.36	11.31
	b12	13.67	13.40	13.83
	b13	18.74	16.34	16.39
		a2	a1	a2
b2	b21	11.65	11.19	11.12
	b22	13.57	13.87	13.41
	b23	11.54	10.97	10.66

【SAS 程序】

```
options nodate nonumber;
data lh;
do b=1 to 2;dor=1 to 3;
do c=1 to 3;
input a $ x @@;
output;end;end;end;
cards;
a1   11.32   a2   11.36   a1   11.31
a1   13.67   a2   13.40   a1   13.83
a1   18.74   a2   16.34   a1   16.39
a2   11.65   a1   11.19   a2   11.12
a2   13.57   a1   13.87   a2   13.41
a2   11.54   a1   10.97   a2   10.66
;
proc anova;class b c a;
model x=b c a;
means a;run;
```

【程序说明与结果解释】

在程序中,调用 anova 过程进行方差分析,结果表明,无论是总效应,还是各项效应均无显著性意义($P>0.05$),说明喂予尿素配合饲料对奶牛产奶量无明显效果,但也无害,可作一般饲料使用。

【结果显示】

Dependent Variable:x

Source	DF	Sum of Squares	Mean Square	F Value	Pr>F
Model	4	23.96625556	5.99156389	1.24	0.3426
Error	13	62.89952222	4.83842479		
Corrected Total	17	86.86577778			

		R-Square	Coeff Var	Root MSE	x Mean
		0.275900	16.89577	2.199642	13.01889

Source	DF	Anova SS	Mean Square	F Value	Pr>F
b	1	18.76802222	18.76802222	3.88	0.0706
c	2	1.42614444	0.71307222	0.15	0.8644
a	1	3.77208889	3.77208889	0.78	0.3933

Level of

----------------------------------x----------------------------------

a	N	Mean	Std Dev
a1	9	13.4766667	2.67780227
a2	9	12.5611111	1.79334495

三、正交设计资料的结果分析

正交设计是一种研究多因素试验的设计方法。在多因素试验中，随着试验因素和水平的增加，其处理数也随之增多。例如，4因素各具4水平的试验，就有 $4^4 = 256$ 个水平组合，要全面实施这些试验极具困难，为克服这一难点，可在因素空间中选择几类具有不同特点的点，形成试验计划。正交设计就是利用一套规格化的表格——正交表，科学合理地安排试验。其特点是在试验的全部处理组合中，仅挑选部分有代表性的水平组合进行试验。通过部分试验了解全面试验情况，找到较优的水平组合，因此正交设计最适用于多因素、多水平、试验周期长和误差较大的一类试验。

例12.　为查清肉用仔鸡维生素缺乏症的病因，安排核黄素（a）、胆碱（b）、吡多醇（c）、烟酸（d）及维生素 B_1（e）5种维生素进行试验，每种维生素分喂与不喂两个水平。选用 $L_8(2^7)$ 表进行正交设计的试验，以"1"表示不喂5种维生素，以"2"表示在饲料中添加5种维生素。试验结果 x（日增重g）列于程序数据步第5列后，试做试验结果的分析。

【SAS 程序】

```
options nodate nonumber;
data lii;
input a 1 b 2 c 3 d 4 e 5 x;
cards;
11111   162
11122   172
12212   168
12221   190
21212   178
21221   215
22111   162
22122   182
;
proc anova;
```

```
class a b c d e;
model x＝a b c d e;
means a b c d e;
run;
```

【程序说明】

在数据步中,采用列模式(Column Mode)读入法,把 a、b、c、d、e 因素在试验中所取水平(即正交表中的水平号)分别固定在第 1~5 列位置上,第 5 列之后为试验结果(x)。

在过程步中,调用 anova 过程进行方差分析,本例不考虑因素间的互作,故模型界定 5 个因素的主效。means 只要求算出各效应水平间的平均数。

【结果显示】

(1)The ANOVA Procedure

Dependent Variable:x

Source	DF	Sum of Squares	Mean Square	F Value	Pr>F
Model	5	2092.625000	418.525000	10.30	0.0908
Error	2	81.250000	40.625000		
Corrected Total	7	2173.875000			

R-Square	Coeff Var	Root MSE	x Mean
0.962624	3.568243	6.373774	178.6250

Source	DF	Anova SS	Mean Square	F Value	Pr>F
a	1	253.1250000	253.1250000	6.23	0.1299
b	1	78.1250000	78.1250000	1.92	0.2999
c	1	666.1250000	666.1250000	16.40	0.0559
d	1	990.1250000	990.1250000	24.37	0.0387
e	1	105.1250000	105.1250000	2.59	0.2490

(2)

Level of a	N	Mean	Std Dev		Level of b	N	Mean	Std Dev
1	4	173.000000	12.0554275		1	4	181.750000	23.1282655
2	4	184.250000	22.2467226		2	4	175.500000	12.7932274

Level of c	N	Mean	Std Dev		Level of d	N	Mean	Std Dev
1	4	169.500000	9.5742711		1	4	167.500000	7.5498344
2	4	187.750000	20.2710796		2	4	189.750000	18.3734410

Level of e	N	Mean	Std Dev
1	4	182.250000	25.5130685
2	4	175.000000	6.2182527

【结果解释】

(1)方差分析结果表明,总效应无显著性意义(F＝10.30,Pr＝0.0908>0.05),但在各效应中,烟酸(d)效应突出(F=24.37,Pr=0.0387<0.05),说明仔鸡的维生素缺乏症主要源于烟酸的缺乏,c因素的效应也相对明显(F=16.40,Pr=0.0559),因此由(2)可知,在饲料中,添加烟酸和吡多醇对增加仔鸡的日增重有明显的作用。

例13. 接上例试验,安排核黄素(a)、胆碱(b)、烟酸(c)和维生素 B_1(c)4 种维生素进行正交试验,同时考察核黄素与胆碱(a*b)、核黄素与烟酸(a*c)之间的交互作用,每种维生素仍分喂"2"与不喂"1"两个水平。试验按 4 因素 2 水平进行设计,以仔鸡的日增重(x)来衡量各因素的作用,试验结果如程序数据步,试做方差分析。

本例为安排有交互列的正交设计,选用 $L_8(2^7)$ 正交表,按指定应将 a、b、a*b、c、a*c、d 分别安排在正交表的第 1 列、第 2 列、第 3 列、第 4 列、第 5 列、第 7 列上(第 6 列为空列)。

试验方案及其试验结果列于表9.4。

表 9.4 仔鸡维生素试验方案及其结果

试验号	因素							增重/g
	A	B	A*B	C	A*C		D	
	1	2	3	4	5	6	7	
1	1	1	1	1	1	1	1	162
2	1	1	1	2	2	2	2	172
3	1	1	2	2	1	1	2	168
4	1	2	2	2	2	1	1	190
5	2	1	2	1	2	1	2	178
6	2	1	2	2	1	2	1	215
7	2	2	1	1	2	2	1	162
8	2	2	1	2	1	1	2	182

【SAS 程序】

```
options nodate nonumber;
data lij;
input a 1 b 2 c 3 d 4 x;
cards;
1111 162
1122 172
1212 168
1221 190
2112 178
2121 215
2211 162
2222 182
;
```

```
proc glm;
class a b c d;
model x=a b c d a*b a*c/ss3;
means a b c d;
lsmeans a*b/tdiff;run;
```

【程序说明】

在数据步中,把 a、b、c、d 因素在正交表所在列中的水平号固定于数据步中的第 1~4 列上(并非正交表中的第 1~4 列)。

在过程步中,依题意界定其线性数学模型,并做方差分析和多重比较。

【结果显示】

(1)The GLM Procedure

Dependent Variable:x

Source	DF	Sum of Squares	Mean Square	F Value	Pr>F
Model	6	2170.750000	361.791667	115.77	0.0710
Error	1	3.125000	3.125000		
Corrected Total	7	2173.875000			

R-Square	Coeff Var	Root MSE	x Mean
0.998562	0.989653	1.767767	178.6250

Source	DF	Type Ⅲ SS	Mean Square	F Value	Pr>F
a	1	253.1250000	253.1250000	81.00	0.0704
b	1	78.1250000	78.1250000	25.00	0.1257
c	1	990.1250000	990.1250000	316.84	0.0357
d	1	105.1250000	105.1250000	33.64	0.1087
a*b	1	666.1250000	666.1250000	213.16	0.0435
a*c	1	78.1250000	78.1250000	25.00	0.1257

(2)Level of ----------x---------- Level of ----------x----------

a	N	Mean	Std Dev	b	N	Mean	Std Dev
1	4	173.000000	12.0554275	1	4	181.750000	23.1282655
2	4	184.250000	22.2467226	2	4	175.500000	12.7932274

Level of ----------x---------- Level of ----------x----------

c	N	Mean	Std Dev	d	N	Mean	Std Dev
1	4	167.500000	7.5498344	1	4	182.250000	25.5130685
2	4	189.750000	18.3734410	2	4	175.000000	6.2182527

(3)Least Squares Means   t for H₀:LSMean(i)=LSMean(j) / Pr>|t|

a	b	x LSMEAN	i/j	1	2	3	4
1	1	167.000000	1		−6.78823	−16.6877	−2.82843

				0.0931	0.0381		0.2163
1	2	179.000000	2	6.788225		−9.89949	3.959798
				0.0931	0.0641		0.1575
2	1	196.500000	3	16.68772	9.899495		13.85929
				0.0381	0.0641		0.0459
2	2	172.000000	4	2.828427	−3.9598	−13.8593	
				0.2163	0.1575	0.0459	

【结果解释】

(1)方差分析结果,尽管总模型的 F 值高达 115.77,仍未达到显著水平($Pr=0.0710$),究其原因,为误差项自由度过小,所以条件允许应考虑安排有重复的正交设计。但各效应中,c 因素与 $a*b$ 互作较为明显($P<0.05$),表明烟酸以及核黄素与胆碱的互作是影响肉用仔鸡增重的主要因素。

(2)a、c 因素第 2 水平(喂)明显高于第一水平(不喂)的平均数。故可初步认为,肉鸡饲料中缺乏烟酸与核黄素是导致维生素缺乏症的主要病因。

(3)由 $a*b$ 互作间的多重比较中可知,a2b1 的平均增重最大。结合(2)中的结果,其最优组合应选 a2b1c2d1,这与实际试验结果不谋而合。有时还可以选取该次试验以外的最优组合,这正是正交设计的魅力所在。

例 14. 为研究不同营养成分含量对肉鸡的增重效果,设粗蛋白质含量(a)的 4 个水平为 14%、16%、18%、20%,粗脂肪含量(b)两个水平为 2.5%、3.5% 和粗纤维含量(c)的两个水平为 3%、4%。按 3 因素不等水平的正交设计进行试验,采用 $L_8(4*2^4)$ 混合表,每个处理(水平组合)安排 3 次重复,试验方案及结果如表 9.5 所示,试做方差分析。

表 9.5　肉鸡增重的正交试验方案及其结果

试验号	因素					增重/g		
	a/%	b/%	c/%			Ⅰ	Ⅱ	Ⅲ
	1	2	3	4	5			
1	1(14)	1(2.5)	1(3)	1	1	116	115	119
2	1	2(3.5)	2(4)	2	2	115	114	114
3	2(16)	1	1	2	2	117	116	119
4	2	2	2	1	1	119	120	120
5	3(18)	1	2	1	2	125	122	120
6	3	2	1	2	1	126	124	121
7	4(20)	1	2	2	1	124	125	123
8	4	2	1	1	2	128	128	126

【SAS 程序】

```
options nodate nonumber;
data lk;
```

```
input a b c x @@;
cards;
111    116    111    115    111    119
122    115    122    114    122    114
211    117    211    116    211    119
222    119    222    120    222    120
312    125    312    122    312    120
321    126    321    124    321    121
412    124    412    125    412    123
421    128    421    128    421    126
;
proc anova;
class a b c;
model x=a b c a*b*c;
means b c;
means a/duncan;run;
```

【程序说明】

在数据步中,以横向读入法输入 a、b、c 因素在正交表中所在列的水平号及试验结果(每个数据须以空格隔开)。

在过程步中,调用 anova 对 model 所界定的线性模型进行方差分析并对各因素的效应进行多重比较。

【结果显示】

The ANOVA Procedure

Dependent Variable:x

Source	DF	Sum of Squares	Mean Square	F Value	Pr>F
Model	7	406. 6666667	58. 0952381	20. 81	<.0001
Error	16	44. 6666667	2. 7916667		
Corrected Total	23	451. 3333333			

R-Square	Coeff Var	Root MSE	x Mean
0. 901034	1. 384664	1. 670828	120. 6667

Source	DF	Anova SS	Mean Square	F Value	Pr>F
a	3	371. 0000000	123. 6666667	44. 30	<.0001
b	1	8. 1666667	8. 1666667	2. 93	0. 1065
c	1	8. 1666667	8. 1666667	2. 93	0. 1065
a*b*c	2	19. 3333333	9. 6666667	3. 46	0. 0563

Level of			x		Level of			x	
b	N	Mean	Std Dev		c	N	Mean	Std Dev	
1	12	120. 083333	3. 65459445		1	12	121. 250000	4. 91981153	

| 2 | 12 | 121.250000 | 5.18958748 | | 2 | 12 | 120.083333 | 4.01040314 |

Duncan's Multiple Range Test for x

Duncan Grouping	Mean	N	a
A	125.6667	6	4
B	123.0000	6	3
C	118.5000	6	2
D	115.5000	6	1

【结果解释】

方差分析结果表明,总效应或粗蛋白质含量的效应均达到1%的显著水平,说明饲料中粗蛋白质含量的高低对肉鸡增重的效果影响极大。a*b*c的二级互作及b、c对肉鸡的增重效果不明显(P>0.05)。在对a各水平间的多重比较中,各水平两两间的差异皆达5%的显著水平,其中以20%的含量为最佳,其次为18%。由于a为主要因素,故最优组合中必选a4。虽然b因素为次要因素,但a与b间有一定的交互作用存在,故在b因素中宜选b2为好,c因素的两个水平任择其一。

习　题

1. 下表为小麦栽培试验的产量结果(kg),随机区组设计,小区计产面积为 12 m^2,试做分析。在表示最后结果时需化为每亩产量(kg)。假定该试验为完全随机设计,试分析后将其试验误差与随机区组时的误差做比较,看看划分区组的效果如何?

处理	区组			
	I	II	III	IV
A	6.2	6.6	6.9	6.1
B	5.8	6.7	6.0	6.3
C	7.2	6.6	6.8	7.0
D	5.6	5.8	5.4	6.0
E	6.9	7.2	7.0	7.4
F	7.5	7.8	7.3	7.6

2. 下表为水稻品种比较试验的产量结果(kg),5*5拉丁方设计,小区计产面积 30 m^2,试分析。

b	25	e	23	a	27	c	28	d	20
d	22	a	28	e	20	b	28	c	26
e	18	b	25	c	28	d	24	a	25
a	26	c	26	d	22	e	19	b	24
c	23	d	23	b	26	a	33	e	20

第十章
图形制作的SAS过程

SAS 系统的绘图功能十分强大。它既提供了进行一些必要的编程后用于绘图的模块,又在可图示化视窗中提供了直接应用非编程进行绘图的模块。用于制图的程序主要有 PROC CHART 过程、PROC PLOT 过程及 PROC TREE 过程等。

第一节　制图的 SAS 过程格式和语句功能

一、PROC CHART 过程

该过程适用于横轴图、纵轴图、方形图、圆形图、星形图等的绘制,主要用于表示一个变量的描述性统计值或多个变量之间的关系。

1. 过程格式

PROC CHART 选项串。

BY 变量名称串。

HBAR 变量名称串/选项串。

VBAR 变量名称串/选项串。

BLOCK 变量名称串/选项串。

PIE 变量名称串/选项串。

STAR 变量名称串/选项串。

2. 语句说明

PROC CHART 语句指明调用统计值的图形过程,其选项 LPI＝P 是界定打印机在一英寸空间内所能印下的内容,P 值＝(列数/行数)＊10。

BY 语句指明将资料分组后,对各组分别制图。

HBAR、VBAR、BLOCK、PIE、STAR 语句分别指明绘制横轴图、纵轴图、方形图、圆形图及星形图。5 个图形的变量名称串要用空格分开。如 HBAR A B C;将得到 3 个分别在 A,B,C 变量上的横轴图。

与 5 个图形联用的选项:①DISCRETE。视资料中所有数值变量为类别变量。若省略该项,视数值变量为连续性变量,若不指定区间的中点数或区间个数,CHART 过程将自行以内设方式处理。②TYPE＝FREQ/PCT/CFREQ/CPCT/SUM/MEAN,分别指明用次数、百分比、累积次数、累积百分比、总和、平均数等统计值制图。内设值为 FREQ,但选用 SUM-VAR 选项时,其内设值为 SUM。③SUMVAR＝变量名称,要求算出界定变量的总和,平均数或次数。④MIDPOINTS＝各分数区间的中点数,界定各区间的中点数。若省略该项,图形上的数据自动按英文字母的顺序由小到大的数字次序呈现。⑤AXIS＝最小值,最大值或 AXIS＝最大值,用于控制纵轴的长短。若只界定一个值,为最大值,最小值为内设置 0。若与 STAR 联用,最小值为星形图的中心,半径为最大值与最小值之差。

与 VBAR、HBAR 及 BLOCK 联用的选项有:①GROUP＝变量名称串,用于制作并列形的图表。②SUBGROUP＝变量名称,指明在图形上再标示表示 SUBGROUP 的次数。③LEVELS＝分数区间的个数,指定区间的个数。④SYMBOL＝图形上的符号,内设值为'＊'。⑤NOSYMBOL。不输出纵(横)轴图下端有关符号的说明。⑥NOZEROS,不输出无观察值的区间。⑦G100 与 GROUP 选项联用,使次数或百分比在每分组内的总和等于 100 或 100%。

与 VBAR、HBAR 图形联用的选项 REF＝一数值,要求在图表上划出一条参考线。该参考线应与 TYPE＝选项中的统计值相对应。

与 HBAR 图形联用的选项有:①NOSTAT,不输出任何统计数值。②FREQ、CFREQ、PERCENT、CPERCENT、SUM、MEAN,分别输出各区间的次数、累积次数、百分比、累积百分比、总观察数、平均数。

与 VBAR 图形联用的选项 NOSPACE 指明各区间之间不留空隙,若仍不能将整个纵轴图缩放在报表上,CHART 将自动改为横轴图输出。

二、PROC PLOT 过程

该过程主要是将观察值在两个变量上的值视作坐标值,然后用二维空间的图形描出其相对位置。其最适于相关回归分析中的图形制作。

1. 过程格式

PROC PLOT 选项串。

BY 变量名称串。

PLOT 图形指令串/选项串。

2. 语句说明

PROC PLOT 语句指明调用一般制图过程。其选项有:①UNIFORM,与指令 BY 合用,可使 BY 所分各小资料图形的单位、x 轴、y 轴的长短一致,以便比较各图形的异同。②NO-LEGEND,要求图形上端不输出变量的名字或绘图的符号。③FORMCHAR(符号的位置,以 1~11 的数字表示)＝"十一个绘图符号",用于控制绘图所需的符号。这些位置、数字代号及内设符号如表 10.1 所列。

表 10.1　位置、数字代号及内设符号

符号位置	数字代号	内设符号	符号位置	数字代号	内设符号
纵轴	1	|	中上角	4	—
横轴	2	—	右上角	5	—
左上角	3	—	中心点左	6	|

续表10.1

符号位置	数字代号	内设符号	符号位置	数字代号	内设符号
中心点	7	＋	中下角	10	—
中心点右	8	｜	右下角	11	—
左下角	9	—			

在 PLOT 程序中只需界定 1、2、3、5、7、9、11 等符号位置即可。④VTOH＝正实数,界定纵轴对横轴画图符号的比例。PLOT 程序会自动调整符号间的距离,使两轴坐标单位的长、宽几乎相等。若选用 VSPACE 或 HSPACE 选项,则该选项无效。⑤VPCT＝报表纸长度分割的百分比,界定一张报表纸自上至下端长度分割比例。⑥HPCT＝报表纸宽度分割的百分比。

BY 语句指明将原资料分成若干个小资料。

PLOT 语句用来控制报表上图形的呈现方式。其图形指令串界定 x、y 轴及绘图的符号。其格式有:①y 轴变量名 * x 轴变量名。该格式图形上的点用英文大写字母表示,A 代表一点,B 代表两点,……,Z 代表二十六个点或二十六个以上点的重叠。②y 轴变量名 * x 轴变量名＝'符号'。该格式图形上的点用单引号内的符号。③y 轴变量名 * x 轴变量名＝含符号的变量名称。②与③中的重叠点无法以不同符号表示。

该语句的选项主要有:①VAXIS(HAXIS)＝纵(横)轴的单位。②VZERO(HZERO),界定纵(横)轴的坐标以 0 开始。③VREVERSE,将纵轴的坐标单位颠倒,即最小值在纵轴的最顶点。④VREF(HREF)＝纵(横)轴上的坐标,界定 y(x)坐标画一条与 x(y)轴平行的参考线。⑤VREFCHAR(HREFCHAR)＝"参考线的符号",用来画参考线的记号,内设值为减号'—'(竖号'｜')。⑥VPOS(HPOS)＝图形的宽(长)度,以正整数表示。⑦VSPACE(HSPACE)＝正整数,界定纵(横)轴坐标单位间的列(行)数。⑧OVERLAY,要求将两个或两个以上的图形重叠。这个重叠的图画会以第一个图的变量来定义 x 轴与 y 轴。⑨BOX,要求将整个图形用直线加框。⑩VEXPAND(HEXPAND),要求将图形的纵(横)轴增长。此外,还有用于界定轮廓图的选项 CONTOUR＝(1~10 的一个整数);界定轮廓图深浅层次的选项,S1＝"代表最浅度的符号",S2＝"代表次浅度的符号"……

第二节　制图的 SAS 编程

一、统计值图形 PROC CHART 程序的应用

例 1. 随机抽查某市三个农场 1991—1993 年出售肉鸡的资料(只)如表 10.2 所列,试做统计值的图形。

表 10.2　三个农场的售鸡量

年份	farm1				farm2			farm3		
1991	3800	3651	2685	5350	5672	6328	7870	9050	8700	8300
1992	2710	5391	3500	6180	6100	4698	10100	12082	10318	9940
1993	2800	4120	3260	9872	7400	9345	14300	15931	14320	14230

【SAS 程序】

```
options nodate nonumber pagesize＝38;
data l1a;
do year＝1991,1992,1993;
do farm＝1 to 3;
do r＝1 to 4;
input x @@;
output;end;end;end;cards;
3800 3651 2685   5350 5672 6328 7870 . 9050 8700 8300 .
2710 5391 3500 6180 6100 4698 10100 . 12082 10318 9940 .
2800 4120 3260 9872 7400 9345 14300 . 15931 14320 14230 .
;
proc format;value far 1＝'FARM1' 2＝'FARM2' 3＝'FARM3';
proc chart formchar(1 2 3 4 5 6 7 8 9 10 11)
                    ＝'|----|＋|－－－';
vbar farm/sumvar＝x group＝year;
block farm/sumvar＝x group＝year discrete;
pie farm/sumvar＝x;
format farm far. ;
run;
```

【程序说明】

在数据步中,因各农场售鸡批次(r)不同,为便于数据输入取 r 为 4,缺值以".".示之。

在过程步中,第一过程定义农场各水平的输出格式。第二过程指明调用绘制统计值图形过程。formchar 选项参见其语句说明。vbar 语句及选项要求绘制各农场过去三年售鸡总量的并列横轴图,并列图可用于相互比较。block 语句及选项要求绘制各农场在三年售鸡总量的直方图。pie 语句及选项要求用圆形图呈现各农场的售鸡量及总售量的百分比。

【结果显示】

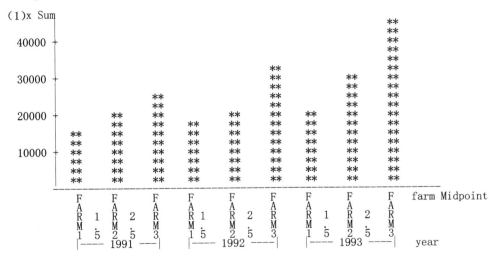

（2）Sum of x by farm grouped by year

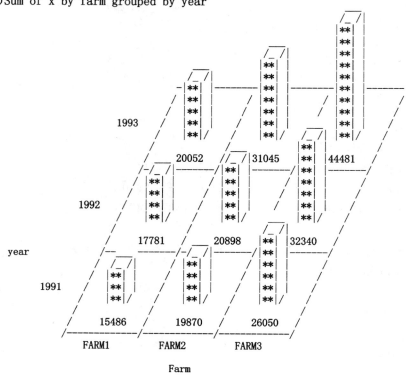

（3）Sum of x by farm

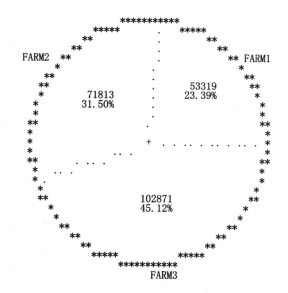

【结果解释】

（1）为 vbar 语句产生的横轴并列图。由此可比较三个农场三年销售量的异同。从总体上看,第三农场在三年中的出售量均比其他两个农场大。但三个农场的出售量都呈逐年增长的趋势。

（2）为 block 语句产生的直方图。三个农场在三年各年售量以方形图表示,方形图的外观酷似高楼大厦,大厦的平底为售出的肉鸡数(即变量的值),大厦的高度为该值占总出售量的百分比。虽然(2)与(1)的内容或含义相似,但(2)的视觉更为直观,图示效果更佳。

（3)为 pie 语句产生的圆形图。图中展现三个农场在三年中的总售量及每个农场销售量占三个农场总销售量的百分比,其中第一农场、第二农场、第三农场分别为 23.39％、31.50％、45.12％。

二、一般制图 PROC PLOT 程序的应用

例 2. 为比较不同饲料（A）对仔鸡增重效果,选取 5～10 日龄雏鸡 24 只,随机分成 3 组,每组 8 只,雏鸡的初始日龄（x)及日增重（y)见表 10.3,试作图比较 x 与 y 的线性关系在 3 组内是否一致。

表 10.3　不同饲料对雏鸡的增重效果　　　　　　　　　　　　　　　g

饲料(1)	x	8	6	5	7	5	6	7	10
	y	45	37	30	37	27	32	40	50
饲料(2)	x	8	5	6	7	8	7	5	10
	y	82	66	74	79	82	76	70	90
饲料(3)	x	5	6	8	6	7	5	10	10
	y	51	53	58	52	56	48	68	65

【SAS 程序】

```
options nodate nonmuber;
data lb;
do a＝1 to 3;
do r＝1 to 8;
input x y @@;
output; end; end;
cards;
8 45 6 37 5 30 7 37 5 27 6 32 7 40 10 50
8 82 5 66 6 74 7 79 8 82 7 76 5 70 10 90
5 51 6 53 8 58 6 52 7 56 5 48 10 68 10 65
;
proc plot formchar(1 2 5 7 9)＝'|—－＋－';
plot y＊x＝a/vpos＝22 hpos＝60;run;
```

【程序说明】

proc plot 指明调用一般制图过程,其选项 formchar 用来控制绘图的符号。plot 的图形指令要求采用 formchar 格式的绘图符,其选项 vpos 及 hpos 用于控制图形的宽度和长度。

【结果显示】

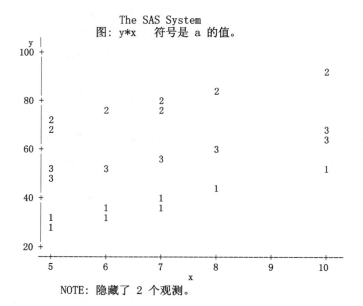

The SAS System
图: y*x   符号是 a 的值。

NOTE: 隐藏了 2 个观测。

【结果解释】

图形以日增重 y 为纵轴,日龄 x 为横轴。轴的长度及单位由 plot 过程按内设值设定。图中的 1、2、3 分别为饲料变量 A 的取值符,意为第 1 号饲料、第 2 号饲料、第 3 号饲料。由此可见,各饲料组内的 x 与 y 的点式图趋向一条直线,且 3 组的点式图几乎呈平行状,3 组的回归线的斜率相差甚微,表明 3 组饲料内日龄与日增重的线性关系是一致的。

第三节　图形化绘图的 SAS 过程

4 个图形化视窗的非编程模块均可用于制图。在一般情况下,只用 SAS/ASSIST 模块中的 GRAPHICS 子模块及 SAS/INSIGHT 模块中的 ANALYZE 菜单来实现。以 SASUSER 数据库中的 CLASS 数据集(一个班级男、女生年龄、身高及体重的资料)为例,绘制一些常用的统计图形(SAS 9.0 英文版的应用)。

一、条形图

条形图多用于定性变量的表达,并根据需要可制成简单的或复式的(分组的)、水平的或垂直的、平面的或立体的条形图以及构成图等。以下仅用 SAS/ASSIST 模块中的 GRAPHICS 子模块来实现 CLASS 数据集中 SEX(性别)和 HEIGHT(身高)条形图及构成图的绘制。其方法为:

1. 进入 Bar Charts 界面

Solutions→ASSIST→GRAPHICS→BAR CHARTS。

界面(图 10.1)显示的各选项为:

Table 分析所用的数据集。

Bar Values 纵轴变量值,击中后可选用分析变量(如身高)的总和、平均数、百分数、频数

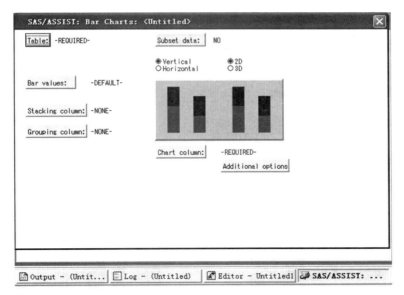

图 10.1　**Bar Charts 界面**

（内设值）、累积百分数或累积频数中的一项作为条形图的高度。

　　Chart column 横轴变量（如身高）。

　　Stacking column 按内部分组绘制构成图的变量值。

　　Grouping column 绘制复式（分组）条形图的变量。

　　Vertical 绘制垂直条形图。

　　Horizontal 绘制水平条形图。

　　2D、3D 分别为绘制平面图或立体图。

　　Additional options 附加选择项，其中包括一般选择项、颜色与模式选择项、条形的个数及轴的选择项等。它们都是用于修饰图形的选项。

　　2．调入数据集绘制所需图形

　　（1）绘制性别的简单水平条形图

　　Table→SASUSER→CLASS→ok→Horizontal→2D→Chart column→SEX→ ► →Bar values→Frequency→ok→Run→Submit。

　　在图 10.2 中，上方黑色长条代表女生（F）的人数（9 人），占班级人数 19 人的 47.37％，下方红色长条代表男生（M）的人数，占总人数的 52.63％。

　　（2）绘制按性别分组的身高复式垂直条形图　关闭图形窗口后，返回 Bar Charts 界面。

　　Vertical→2D→Bar values→Frequency→ok→Grouping column→SEX→ ► →Chart column→HEIGHT→ ► →Run→Submit。

　　在图 10.3 中，SAS 系统自动将男、女生的身高各分成 5 组，横轴上以每组的组中值进行划分。事实上，女生的身高只出现在 1～4 组中，而男生的身高仅出现在 2～5 组中，图形的高度为每组出现的人数。

　　（3）绘制以性别为内部分组的身高构成图（立体）　在操作步骤时，改（2）中的 2D 为 3D，把 Grouping column 中的 SEX 调到 Stacking column 中即可。

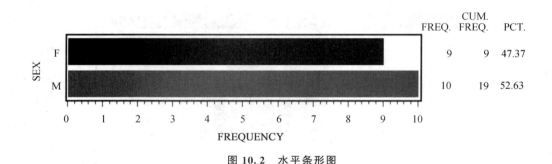

图 10.2　水平条形图

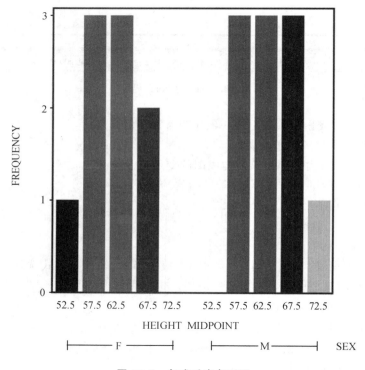

图 10.3　复式垂直条形图

在图 10.4 中,红色条柱代表女生人数,蓝色条柱代表男生人数。

(4)若考虑第 3 个变量如(年龄),这时可绘制复式构成图　其操作方法可在(2)的基础上,即在 Stacking column 的选项中加上 AGE 变量或在(3)的基础上在 Grouping column 的选项中加上 AGE 变量。图 10.5.为在(2)的基础上的操作。

在图 10.5 中,不同颜色的条柱代表不同年龄的人数构成,其中 F 代表女生组,M 代表男生组。

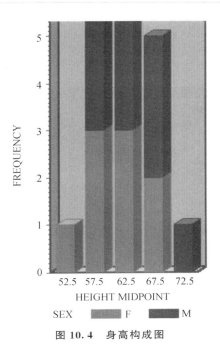

SEX ▨ F ▰ M

图 10.4 身高构成图

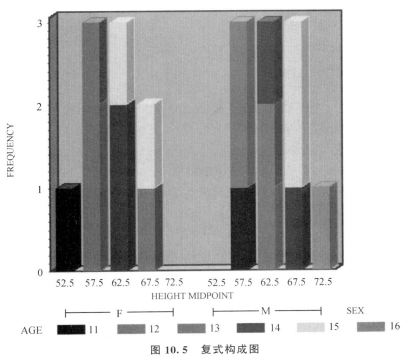

AGE ▰ 11 ▨ 12 ▨ 13 ▰ 14 ▢ 15 ▨ 16

图 10.5 复式构成图

二、圆形图

圆形图的绘制与条形图相似。它是以圆面积为 100%，圆内各扇形为各构成部分的百分比。具体绘制方法为：

1. 进入 PIE CHARTS 界面

Solutions→ASSIST→GRAPHICS→PIE CHARTS。

界面(图 10.6)显示的各选项为：

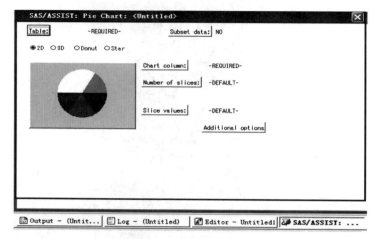

图 10.6　PIE CHART 界面

Table 分析所用的数据集。

2D、3D 分别为绘制平面图或立体图。

Donut 绘制空心的圆形图。

Star 绘制星形的圆形图。

Chart column 为图形(分析)变量。

Number of slices 圆内扇形的个数,可通过 Additional options 选用以下选项:取组中值(默认值)个数,用每一个独立图形变量的值,输入组中值的精确个数及有序具体数值来确定其扇形个数。

Slice values 扇面值相当于条形图中的图形高度值。

2. 调入数据集绘制所需图形(绘制全班同学身高百分比的立体圆形图)

Table→SASUSER→CLASS→ok→3D→Chart column→HEIGHT→ ► →Number of slices→Enter the exact number of midpoints→输入 5→ok→Slice values→Frequency→ok→Run→Submit。

图 10.7 以 5 种不同的颜色划分各扇面,各扇面大小代表每组人数占全班人数的百分比。每组的组中值及频数标在圆形图四周相应的位置上。

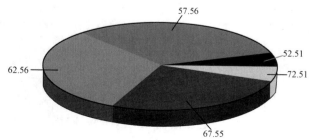

图 10.7　圆形图

三、点式图及线图

点式图（Scatter Plot）或折线图多用于连续性变量的数值在二维空间的相对位置。可利用 SAS/ASSIST 及 SAS/INSIGHT 模块来实现有关图形的绘制。仍以 CLASS 数据集为例，横轴变量取 HEIGHT（身高），纵轴变量取 WEIGHT（体重）。

1. 绘制点式图

（1）用 SAS/ASSIST 模块绘制的方法

Solutions→ASSIST→GRAPHICS→Plot→Simple X * Y plot。

界面（图 10.8）显示的选项为：

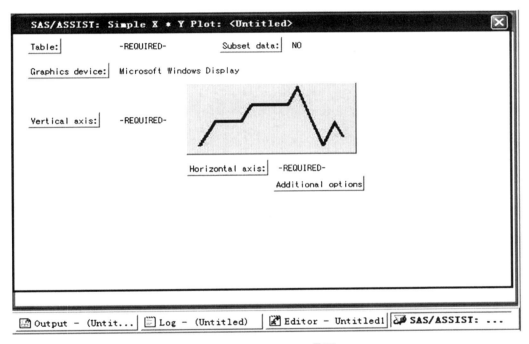

图 10.8　PIECHART 界面

Table 输入分析的数据集。

Graphics device 图形输出方式，当前输出的方式为显示器（Monitor），但需点击 Display device 来决定用何种显示器，可选择 Microsoft Windows Display（内设值），即表明把图形输出到由微软 WINDOWS 管理的显示器上。当然也可将图形输出到其他硬件（Hardcopy）设备上。这时需选用 Hardcopy device 来决定图形是否输出到绘图仪（Plotters）或打印机（Printers）等设备上。

Vertical axis 垂直轴，输入纵轴变量。

Horizontal axis 水平轴，输入横轴变量。

Additional options 附加选项，其中纵轴及横轴的选项包括轴的选择、线条与符号的选择及参考线的选择；其他的选项包括一般绘图选择、第 2 个纵轴的选择（即允许两个不同尺度的纵轴共用一个横轴）以及插入的选择。这些选择又可列出许多的选择项。例如，轴的选择可分为纵轴或横轴。无论选择何种轴均可列出,例如,轴及其刻度值的颜色、轴的长度及宽度、刻度的标记与顺序、对轴上的尺度取不同底的对数等。在线条与符号的选择中,可选择同时绘制多达 4 条线,每选中一条都可显示点与点间连接的多种方法,其中包括各点互不连接、用直线相连成直线图、各点与 0—参考线相连(一般为 x 轴)、用阶梯函数相连、以每一个 x 值为基准将 y 的均值与 y 的 1、2、3 倍标准差相连、将 y 与最小值和最大值相连、依据回归方程绘制直线(并可绘制 y 预测值 90%、95% 及 99% 的置信区间)、用光滑的曲线拟合各点、用盒须图制图等;线的类型有实线还是虚线、线的颜色和宽度等。在符号的选择中,可选用符号的形状、颜色和高度;还可界定图中是否包括坐标值以外的数值以及是否填充曲线下的区域等。

诸多选项可满足绘制不同图形的需要。根据上述选项,绘制以“*”符号表示身高与体重的点式图方法为:

Table→SASUSER→CLASS→ok→Vertical axis→WEIGHT→ ► →Horizontal axis→ HEIGHT→ ► →Additional options→Line and symbol options→Interpolation method→ Leave points unconnected→Plot symbol→Asterisk→ok→ok→Goback→Goback→Run→ Submit。

在图 10.9 中,纵轴的变量为体重,横轴的变量为身高。“*”符号表示身高与体重的数值在二维空间的相对位置。

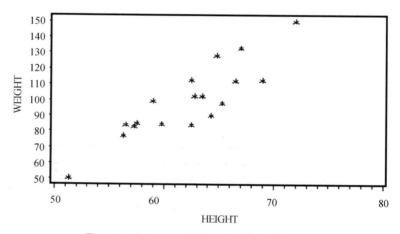

图 10.9 “*”符号表示身高与体重的点式图

(2)用 SAS/INSIGHT 模块绘制的方法

Solutions→Analysis→Interative Data Analysis→SASUSER→CLASS→open→Analyze →Scatter Plot(y x)→HEIGHT→X→WEIGHT→y→ok。

在图 10.10 中,纵轴的变量仍为体重,横轴的变量为身高。“·”符号表示身高与体重的数值在二维空间的相对位置。

2. 绘制线图

线图又称直线图,是将点式图中相邻的各点依次用折线连成一个线图。当同一幅图中有一个自变量与多个依变量(最多 4 个)构成多条直线时,称为多重线图(multiple plots per axes),这时最好选用半对数线图,即对纵轴或横轴的变量取对数,以免多条折线相互交错而引起错觉。

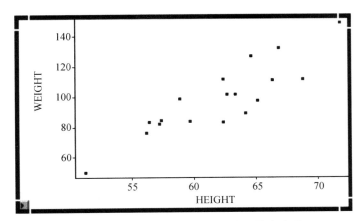

图 10.10　"·"符号表示身高与体重的点式图

用 SAS/INSIGHT 模块绘制普通的折线图仅改上述点式图中的 Scatter plot(y x)为 Line plot(y x)即可。

用 SAS/ASSIST 模块绘制多重线图：以 SASUSER 数据库中的 xu18c 数据集为例，将 3～10 日龄雏鸡在 3 组不同饲料组中的增重（WEIGHT1、WEIGHT2、WEIGHT3）作为纵轴上的变量，并取纵轴变量以 e 为底的对数尺度。将 AGE（年龄）作为横轴，绘制多重线图。其具体步骤如下。

Solutions→ASSIST→GRAPHICS→Plot→multiple plots per axes→Table→SASUSER→xu18c→ok→Vertical axis→选中 WEIGHT1 WEIGHT2 WEIGHT3→▶→Horizontal axis→AGE→▶→Additional options→Line and symbol options→1st plotted line→Line style→Solid→Plot symbol→Asterisk→Interpolation method→Jnin points with a straight line→ok→2nd plotted line→Line style→notted→Plot symbol→Filled circle→ok→3rd plotted line→Nashed→Plot symbol→Triangle→ok→Goback→Axis options→Vertical axis→Specify logarithmic axis→e→Power→ok→ok→Goback→Goback→Run→Submit。

在图 10.11 中，实心黑点的点线为 WEIGHT2 与 AGE 的半对数线图；三角形的虚线为 WEIGHT3 与 AGE 的半对数线图；星号的实线为 WEIGHT1 与 AGE 的半对数线图。三条线同处一幅图中清晰可辨，若加选线条的颜色将更加醒目。在本例中，因 3 组饲料对不同日龄雏鸡的增重存在明显的差异，且均呈正相关关系，故对 y 轴取不取对数并不影响其辨认效果，因此以上操作可省去第 1 个 Goback 后的许多步骤。

3．绘制回归直线

（1）用 SAS/INSIGHT 模块绘制回归直线　　以 CLASS 数据集中的 HEIGHT 为横轴变量，WEIGHT 为纵轴变量，其步骤为：

Solutions→Analysis→Interative Data Analysis→SASUSER→CLASS→open→Analyze→Fit(y x)→HEIGHT→x→WEIGHT→y→ok。

（2）用 SAS/ASSIST 模块绘制回归直线　　仍以 HEIGHT 为 x 轴，WEIGHT 为 y 轴，同时绘出 y 的预测值 95% 的区间图，其步骤为：

Solutions→ASSIST→GRAPHICS→Plot→Simple x * y plot→Table→SASUSER→CLASS→ok→Vertical axis→WEIGHT→▶→Horizontal axis→HEIGHT→▶→Additional

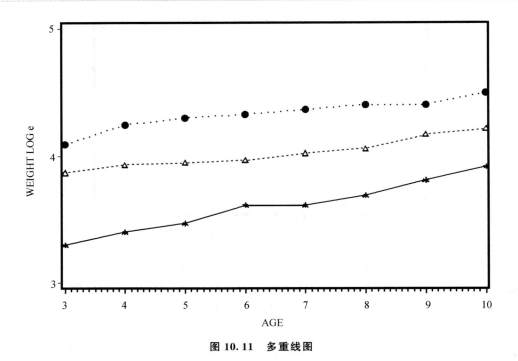

图 10.11　多重线图

options→Line and symbol options→Interpolation method→Use regression analysis to plot→Individual→95→ok→ok→Goback→Run→Submit。

图 10.12 中"＊"代表各对观察值,实线为回归线,虚线为预测值 95％区间的上、下限。

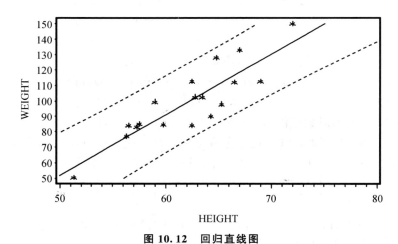

图 10.12　回归直线图

4. 绘制等高线图

等高线图是用二维图形来反映 3 个变量之间的关系。以 CLASS 数据集为例,利用 SAS/INSIGHT 模块绘制体重、身高及年龄 3 个变量之间的等高线图,其方法为:

Solutions→Analysis→Interative Data Analysis→SASUSER→CLASS→open→Analyze→Contour plot(z y x)→ WEIGHT→z→HEIGHT→y→AGE→x→ok。

在图 10.13 中共有 7 种颜色的等高线,每一种颜色代表同一体重,表明在体重取值相同的情况下,由年龄与身高决定其线上的学生。

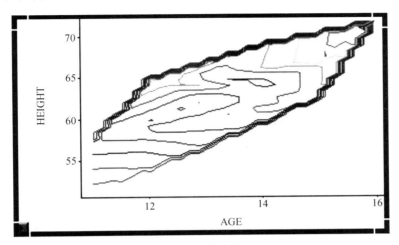

图 10.13　等高线图

5. 绘制三维空间的旋转图

用 SAS/INSIGHT 模块绘制三维空间的旋转图,其步骤与绘制等高线图相近,只要把上述操作中的 Contour plot(z y x)改为 Rotating plot(z y x)即可。

图 10.14 先是一个三维的坐标图,若在图形的四个角处(即出现手形处)按住并拖动鼠标,或点击图左边条框中的上、下、左、右箭头或上下、左右旋转按钮均可产生旋转图。若点击图形左下角的三角形,在弹出的菜单条中选中"Cube"选项,则能形成一个立方体图形并可加以旋转,其视觉效果更佳。

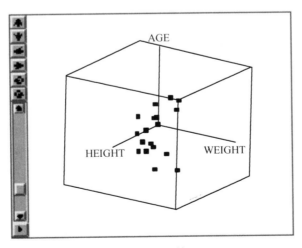

图 10.14　旋转图

四、直方图及拟合频数曲线图

单个连续性变量通常用直方图（Histogram）或箱形图（Box plot）来反映数据的分布情况，并绘制拟合频数曲线图来判断资料是否符合某种理论分布。以下仍以 CLASS 数据集中的身高为变量，采用 SAS/INSIGHT 模块实现上述图形的绘制。

1. 绘制直方图

Solutions→Analysis→Interative Data Analysis→SASUSER→CLASS→open→Analyze→Histogram/Bar Chart(y)HEIGHT→y→ok。

显示图形见图 10.15。

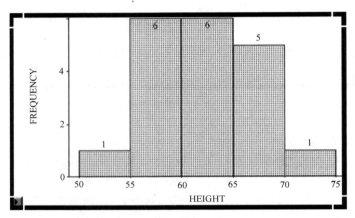

图 10.15　直方图

显示图形按 SAS 系统内设值自动分成 5 组，每组出现的人数可选中图左下角小三角形弹出的菜单条中的"Values"选项，即可把每组的人数标在直方图上。

2. 绘制拟合的频数曲线图

Solutions→Analysis→Interative Data Analysis→SASUSER→CLASS→open→Analyze→Distribution(y)→HEIGHT→y→Output→Density Estimation（密度估计）→在参数估计法（Parametric Estimation）下，选中 Normal（正态分布）→ok→Cumulative Distribution（累积分布）→Normal→Normal→ok→ok→ok。

图 10.16a 为箱形图（Boxplot），箱的右边线是由上四分位数（即第 75 百分位数 Q3）画出的，而左线是由下四分位数（即第 25 百分位数 Q1）画出的，中间的竖线表示观察值中位数的位置。由 Q3 的平行线上画出一条垂直线，称为须（Whisker），须的长度是上下四分位数间距（Q3-Q1）的 1.5 倍，超过这个范围的数据用"0"标示，若数据分布大于 3 倍四分位数间距时用"×"标示。其下为次数的直方图及拟合的正态分布频数曲线图。图 10.17 的图形为拟合的正态分布累积频数曲线图。在该图下端的两个报表，给出了拟合频数曲线的计算结果，其参数为：平均数＝62.3368，标准差＝5.1271。拟合优度检验结果为：D＝0.1443，P＞0.15，表明该资料服从于正态分布。

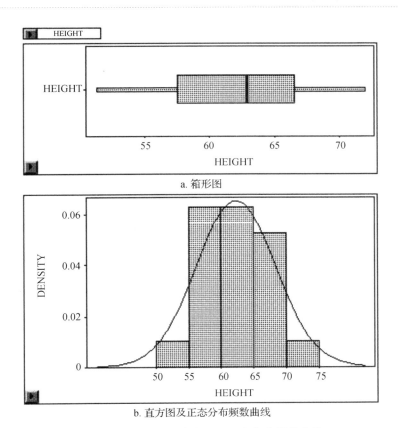

a. 箱形图

b. 直方图及正态分布频数曲线

图 10.16 箱形图、直方图及正态分布频数曲线

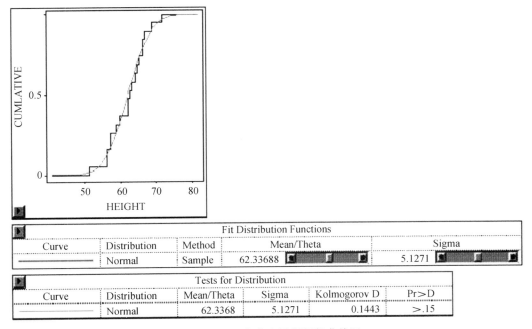

Fit Distribution Functions				
Curve	Distribution	Method	Mean/Theta	Sigma
	Normal	Sample	62.33688	5.1271

Tests for Distribution					
Curve	Distribution	Mean/Theta	Sigma	Kolmogorov D	Pr>D
	Normal	62.3368	5.1271	0.1443	>.15

图 10.17 正态分布累积频数曲线图

习 题

1. 随机抽查某市三个农场在 2011—2013 年出售猪的资料（头），如表 10.3 所列，试做统计值的图形。

表 10.3 过去三年三个农场的售猪量

年份	农场 1					农场 2				农场 3			
2011	480	465	368	635	456	467	532	587	489	1050	9700	900	1067
2012	371	639	450	618	531	510	369	910	785	1208	1118	960	1178
2013	380	512	426	687	567	640	834	93	870	1693	1220	1530	1458

2. 为比较不同饲料对仔鸡增重效果，选取 5～10 日龄雏鸡 33 只，随机分成 3 组，每组 11 只，雏鸡的初始日龄（x）及日增重（y）见表 10.4，试作图比较 x 与 y 的线性关系在 3 组内是否一致？

表 10.4 不同饲料对雏鸡的增重效果

g

饲料（A）	x	8	6	5	7	5	6	7	10	9	7	8
	y	45	37	30	37	27	32	40	50	48	41	43
饲料（B）	x	8	5	6	7	8	7	5	10	8	6	9
	y	82	66	74	79	82	76	70	90	81	76	88
饲料（C）	x	5	6	8	6	7	5	10	10	7	9	8
	y	51	53	58	52	56	48	68	65	55	60	57

参 考 文 献

1. 周海龙,周开兵.SAS生物统计分析应用教程.北京:化学工业出版社,2011.
2. 胡良平.SAS统计分析教程.北京:电子工业出版社,2010.
3. 科迪,史密斯.SAS应用统计分析.辛涛,译.北京:人民邮电出版社,2011.
4. 汪海波.SAS统计分析应用从入门到精通.北京:人民邮电出版社,2010.
5. 盖均益.试验统计方法.北京:中国农业出版社,2014.
6. 汪海波,罗莉,吴为,等.SAS统计分析与应用从入门到精通.2版.北京:人民邮电出版社,2013.
7. 刘平武,周开兵.SAS生物统计分析应用.北京:化学工业出版社,2024.